高等学校虚拟现实技术系列教材

U0175835

虚拟现实技术与应用

微课视频版

郭诗辉 潘俊君 方玉明 李腾跃 编著

清华大学出版社

北京

内 容 简 介

本书全面介绍了虚拟现实的基础知识，并着重介绍了虚拟现实的相关技术，包括图像反馈、3D建模、多模态输入和多模态反馈。在实践部分介绍了一个基于 Cocos 引擎和 HUAWEI VR Glass 的实战案例，案例中包含具体的代码与详细的说明，可帮助读者更好地熟悉虚拟现实应用的开发。最后，本书分析了虚拟现实的未来发展趋势。

全书共8章。第1章简要介绍虚拟现实技术及其在不同领域的应用；第2章讨论最重要的反馈方式——图像反馈；第3章讨论3D建模关键技术；第4、5章讨论虚拟现实系统如何与用户交互，既包括用户向虚拟现实系统输入信号，也包括虚拟现实系统向用户提供反馈；第6章介绍如何实现一个完整的虚拟现实应用；第7章讨论如何将项目发布为一个具体硬件平台的应用；第8章讨论虚拟现实技术的未来发展趋势。全书通过虚拟现实的应用实例，讨论典型的技术方法和前沿的学术进展，每章章末均附有习题。

本书内容丰富，叙述深入浅出，很好地平衡了基础知识和进阶内容，适合作为计算机科学与技术、虚拟现实等相关专业本科生、研究生的教材，也适合作为增强现实、虚拟现实领域研究人员的参考用书。

图书在版编目（CIP）数据

虚拟现实技术与应用：微课视频版/郭诗辉等编著.—北京：清华大学出版社，2024.1
高等学校虚拟现实技术系列教材
ISBN 978-7-302-64240-4

Ⅰ．①虚…　Ⅱ．①郭…　Ⅲ．①虚拟现实—高等学校—教材　Ⅳ．①TP391.98

中国国家版本馆 CIP 数据核字（2023）第 136013 号

责任编辑：黄　芝　李　燕
封面设计：刘　键
责任校对：申晓焕
责任印制：刘海龙

出版发行：清华大学出版社
　　　　网　　　址：https://www.tup.com.cn，https://www.wqxuetang.com
　　　　地　　　址：北京清华大学学研大厦 A 座　　　邮　　编：100084
　　　　社 总 机：010-83470000　　　　　　　　　　邮　　购：010-62786544
　　　　投稿与读者服务：010-62776969，c-service@tup.tsinghua.edu.cn
　　　　质量反馈：010-62772015，zhiliang@tup.tsinghua.edu.cn
　　　　课件下载：https://www.tup.com.cn，010-83470236
印 装 者：三河市铭诚印务有限公司
经　　销：全国新华书店
开　　本：185mm×260mm　　印　张：10.5　　　　　字　　数：256 千字
版　　次：2024 年 1 月第 1 版　　　　　　　　　　印　　次：2024 年 1 月第 1 次印刷
印　　数：1～1500
定　　价：39.80 元

产品编号：096517-01

序
FOREWORD

模拟仿真现实世界事物为人所用是人类自古以来一直追求的目标,虚拟现实(Virtual Reality,VR)是随着计算机技术,特别是高性能计算、图形学和人机交互技术的发展,人类在模拟仿真现实世界方向达到的最新境界。虚拟现实的目标是以计算机技术为核心,结合相关科学技术,生成与一定范围真实/构想环境在视、听、触觉等方面高度近似的数字化环境,用户借助必要的装备与数字化环境中的对象进行交互作用,相互影响,可以产生亲临相应真实/构想环境的感受和体验。

虚拟现实在工业制造、航空航天、国防军事、医疗健康、教育培训、文化旅游、演艺娱乐等战略性行业和大众生活领域得到广泛应用,推动相关行业的升级换代,丰富和重构人类的数字化工作模式,带来大众生活的新体验和新的消费领域。虚拟现实是新型信息技术,起步时间不长,发展空间巨大,为我国在技术突破、平台系统和应用内容研发方面走在世界前列,进而抢占相关产业制高点提供了难得的机遇。近年来,我国虚拟现实技术和应用发展迅速,形成 VR+X 发展趋势,导致对虚拟现实相关领域人才需求旺盛。因此,加强虚拟现实人才培养,成为我国高等教育界的迫切任务。为此,教育部在加强虚拟现实研究生培养的同时,也在本科专业目录中增加了虚拟现实专业,进一步推动虚拟现实人才培养工作。

人才培养,教材为先。教材是教师教书育人的载体,是学生获取知识的桥梁,教材的质量直接影响学生的学习和教师的教学效果,是保证教学质量的基础。任何一门学科的人才培养,都必须高度重视其教材建设。首先,虚拟现实是典型的交叉学科,技术谱系宽广,涉及计算机科学、图形学、人工智能、人机交互、电子学、机械学、光学、心理学等诸多学科的理论与技术;其次,虚拟现实技术辐射力强大,可应用于各行业领域,而且发展迅速,新的知识内容不断迭代涌现;同时,实现一个虚拟现实应用系统,需要数据采集获取、分析建模、绘制表现和传感交互等多方面的技术,这些技术均涉及硬件平台与装置、核心芯片与器件、软件平台与工具、相关标准与规范,以及虚拟现实+行业领域的内容研发等。因此虚拟现实方面的人才需要更多的数理知识、图形学、人机交互等有关专门知识和计算机编程能力。上述因素给虚拟现实教材体系建设带来很大挑战性,必须精心规划,精心设计。

基于上述背景,清华大学出版社规划、组织出版了"高等学校虚拟现实技术系列教材"。该系列教材比较全面地涵盖了虚拟现实的核心理论、关键技术和应用基础,包括计算机图形学、物理建模、三维动画制作、人机交互技术,以及视觉计算、机器学习、网络通信、传感器融合等。该系列教材的另一个特点是强调实用性和前瞻性。除基础理论外,介绍了一系列先进算法和工具,如可编程图形管线、Shader 程序设计等,这些都是图形渲染和虚拟现实应用中不可或缺的技术元素,同时,还介绍了虚拟现实前沿技术和研究方向,激发读者对该领域前沿问题的探索兴趣,为其今后的学术发展或职业生涯奠定坚实的基础。

　　该系列教材的作者都是在虚拟现实及相关领域从事理论、技术研究创新和应用系统研发多年的专家、学者,每册教材都是作者对其所著述学科包含的知识、技术内容精心裁选,并深耕细作的心血之作,是相关学科知识、技术的精华和作者智慧的结晶。该系列教材的出版是我国虚拟现实教育界的幸事,具有重要意义,为虚拟现实领域的高校教师、学生提供了全面、深入、成系列且具实用价值的教学资源,为培养高质量虚拟现实人才奠定了教材基础,亦可供虚拟现实技术研发人员选读参考,助力其为虚拟现实技术发展和应用做出贡献。希望该系列教材办成开放式的,随着虚拟现实技术的发展,不断更新迭代、增书添籍,使我们培养的人才永立虚拟现实潮头、前沿。

北京航空航天大学教授

虚拟现实技术与系统全国重点实验室首席专家

中国工程院院士

前言
PREFACE

  本书兼顾研究型和应用型高校人才培养的需要,本着循序渐进、理论联系实际的原则,以适量、实用为目标,注重理论知识的运用,着重培养学生开发虚拟现实应用的能力。本书力求叙述简练、概念清晰、通俗易懂,便于读者自学。对所涉及的技术方法,本书力求全面,且提供详尽的参考资料供读者深入学习,是一本体系创新、难度适中、侧重应用、着重能力培养的本科生和研究生教材。

  本书共 8 章,既在理论层面涵盖虚拟现实技术简介、图像反馈技术、3D 建模方法、多模态输入技术、多模态反馈技术及虚拟现实技术的未来发展等,又融入了具体的实践素材,基于具体案例进行讲解,手把手地教读者完成一个虚拟现实案例。读者根据兴趣和能力,可以通读全书,也可以选择阅读部分感兴趣的章节,该案例的配套代码和素材全部向读者开放。本书内容丰富,叙述深入浅出,很好地平衡了基础知识和进阶内容,适合作为计算机科学与技术、虚拟现实等相关专业本科生、研究生的教材,也适合作为增强现实、虚拟现实领域研究人员的参考用书。

  本书第 1 章和第 6~8 章由郭诗辉编写,第 2 章和第 5 章由方玉明编写,第 3 章和第 4 章由潘俊君编写。第 2、7、8 章中的部分内容由李腾跃提供素材并给出宝贵建议。案例相关内容在 Cocos 团队提供的素材基础上,由郭诗辉统筹,并完成全书的修改及统稿。在本书的编写过程中得到了厦门大学、北京航空航天大学、江西财经大学和华为技术有限公司的大力支持,在此表示衷心的感谢。

  本书部分内容引用了国内外同行专家的研究成果,在此表示诚挚的谢意。感谢清华大学出版社编辑黄芝在本书出版中所付出的辛勤劳动。感谢在本书撰写过程中参与讨论并提出宝贵意见的李一同、毕云策等。

  由于编者水平有限,书中不当之处在所难免,欢迎广大同行和读者批评指正。

郭诗辉

2023 年 6 月

目　录
CONTENTS

VR 技术简介

观看视频

1.1 VR 的定义

虚拟现实(Virtual Reality,VR)技术又称虚拟实境或灵境技术,是 20 世纪发展起来的一项全新的实用技术。VR 技术的基本实现方式是以计算机技术为主,利用并综合 3D 图形技术、多媒体技术、仿真技术、显示技术、自动控制技术等多种高科技的最新发展成果,借助计算机等设备产生一个含有逼真 3D 视觉、触觉、嗅觉等多种感官体验的虚拟世界,从而使处于虚拟世界中的人产生一种身临其境的感觉。

随着 VR 技术的发展,它所包含的范围在不断扩大,每个人的理解也不尽相同。VR 技术最核心的特征是沉浸感。随着 VR 技术的不断创新,此技术在游戏领域也得到了快速发展。VR 技术利用计算机模拟产生 3D 虚拟空间,而 3D 游戏刚好是建立在此技术之上的,几乎包含了 VR 的全部技术,使得游戏在保持实时性和交互性的同时,真实感也得到大幅提升(见图 1.1)。

图 1.1　VR 场景:电影《头号玩家》剧照(左)以及 Google Tilt Brush 应用(右)

除了最基本的沉浸感以外,更全面的 VR 技术还包括另外几个重要特征。

(1) 实时交互:用户能与系统进行动态实时交互,而非单纯的静态信息显示,才能够允许用户获取定制化的信息,提高系统的沉浸感和信息传递效率。

(2) 多感知性:多感知性指的是计算机技术应该拥有很多感知方式,如听觉、触觉、嗅觉等。理想的 VR 技术应该具有人类所具有的一切感知功能。由于相关技术,特别是传感技术的限制,目前大多数 VR 技术所具有的感知功能仅限于视觉、听觉、触觉、运动。

(3) 构想性:构想性可以理解为当使用者进入虚拟空间后,能够根据自己的感觉与认知能力吸收知识,拓宽思维,创立新的概念和环境。使用者在虚拟空间中,可以与周围物体进行互动,拓展认知范围,创造客观世界不存在的场景或不可能发生的环境。

观看视频

1.2 VR 技术的发展历史

早在 20 世纪 30 年代,作家斯坦利·G. 温鲍姆(Stanley G. Weinbaum)就在其小说《皮格马利翁的眼镜》(*Pygmalion's Spectacles*)中,提到了一种连接虚拟与现实的眼镜,当人们戴上它时,可以看到、听到、闻到虚拟环境里面的角色所感受到的事物,有如身临其境一般。历史再一次证明,科幻小说无疑有可能是引领科学发展方向的先驱。

VR 技术的发展最早可追溯到 1957 年电影摄影师莫顿·海利希(Morton Heilig)开发出的多通道仿真体验系统 Sensorama(见图 1.2)。该系统能够提供图像显示、微风拂面、气味扑鼻,以及发动机的声音和震动等多种感官刺激,向用户提供虚拟的摩托车骑行体验。但由于当时各方面的条件制约,如缺乏相应的技术支持、没有合适的传播载体、硬件处理设备缺乏等原因,VR 技术没有得到很大的发展。直到 20 世纪 80 年代末,随着计算机技术的高速发展及互联网技术的普及,VR 技术才得到广泛应用。

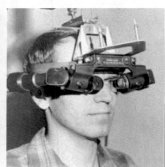

图 1.2 早期 VR 系统:多通道 VR 系统 Sensorama(左)以及达摩克利斯之剑(中、右)

VR 技术的发展大致分为 3 个阶段:20 世纪 70 年代以前,是 VR 技术的探索阶段;20 世纪 80 年代初期到 80 年代中期,是 VR 技术逐渐系统化,并从实验室走向实用的阶段;20 世纪 80 年代末期到 21 世纪初,则是 VR 技术高速发展阶段。

第一个阶段是 VR 系统探索阶段,其间诞生了以下典型案例:

- 1960 年,莫顿·海利希提交了一份设计更为巧妙的有关 VR 眼镜的专利文件,试图将温鲍姆小说里幻想的设备拉到现实中。从外观上看,这套 VR 设备的设计跟现代 VR 眼镜非常相像,但它只拥有立体显示功能,并没有姿态追踪功能。当人们戴着这种眼镜左右观看时,眼镜里的景象不会发生变化。
- 1966 年,美国的麻省理工学院林肯实验室在海军科研办公室的资助下,研制出世界上第一款头盔式显示器(HMD)。
- 1967 年,美国北卡罗来纳大学开始了 Grup 计划,研究探讨力反馈(Force Feedback)装置。该装置可以将物理压力通过用户接口传给用户,通过计算机仿真技术,使人感受到力的作用。
- 1968 年,美国计算机科学家艾文·萨瑟兰(Ivan Sutherland)发明了最接近于现代 VR 设备概念的 VR 眼镜原型。因为其重量大,需要由一副机械臂吊在人的头顶,所以被戏称为"达摩克利斯之剑"。通过超声与机械轴,该设备实现了初步的姿态检测功能。当用户的头部姿态变化时,计算机会实时计算出新的图形,显示给用户。可以说,现代的 VR 眼镜,都是对"达摩克利斯之剑"实现的技术革新。

- 1973 年,迈伦·克鲁格(Myron Krueger)提出了"人工现实"(Artificial Reality)一词,这是早期出现的形容 VR 的词语。

第二个阶段从 20 世纪 80 年代初到 20 世纪 80 年代中期,VR 技术的基本概念开始形成。这一时期出现了两个比较典型的 VR 系统,即 VIDEO PLACE 与 VIEW 系统。

20 世纪 80 年代初,美国国防部高级研究计划局(Defense Advanced Research Projects Agency,DARPA)为坦克编队作战训练开发了一个实用的虚拟战场系统 SIMNET,主要目的是减少训练费用,提高安全性,另外也可减轻实战对环境的影响(爆炸和坦克履带会严重破坏训练场地)。这项计划的结果是产生了 SIMNET 模拟网络,使美国和德国的 200 多个坦克模拟器连成一体,并在此网络中模拟作战。

1984 年,NASA 的艾姆斯研究中心虚拟行星探索实验室的迈克尔·麦格里维(M. McGreevy)和詹姆斯·汉弗莱斯(J. Humphries)博士组织开发了用于火星探测的虚拟世界视觉显示器,将火星探测器发回的数据输入计算机,为地面研究人员构造了火星表面的 3D 虚拟图像。在随后的虚拟交互世界工作站(VIEW)项目中,他们又开发了通用多传感个人仿真器和遥控设备。

1985 年,美国怀特帕特森空军基地(WPAFB)和迪恩·科齐安(Dean Kocian)共同开发了 VCASS 飞行系统仿真器。

1986 年,VR 领域内可谓硕果累累,托马斯·弗内斯(Thomas Furness)提出了一个名为"虚拟工作台"(Virtual Crew Station)的革命性概念;沃伦·罗比内特(Warren Robinett)与合作者斯科特·S. 费希尔(Scott S. Fisher)、詹姆斯·汉弗莱斯、迈克尔·麦格里维发表了早期的 VR 系统方面的论文 *Virtual Environment Display System*;杰西·艾肯劳布(Jesse Eichenlaub)提出开发一个全新的 3D 可视系统,力图使观察者不必使用立体眼镜、头跟踪系统、头盔等笨重的辅助设备,也能看到同样效果的 3D 世界。

1989 年,基于 20 世纪 60 年代以来所取得的一系列成就,美国 VPL 公司的创始人贾伦·拉尼尔(Jaron Lanier)正式提出了 Virtual Reality 一词。在当时研究此项技术的目的是提供一种比传统计算机仿真更好的方法。

第三个阶段从 1992 年开始,美国 Sense8 公司开发了"WTK"开发包,为 VR 技术提供更高层次上的应用。1996 年 10 月 31 日,世界上第一场 VR 技术博览会在伦敦开幕。全世界的人们都可以通过互联网参观这个没有场地、工作人员和真实展品的虚拟博览会。人们只需在浏览器中输入博览会的网址,即可浏览展厅。展厅内有大量的展台,人们可从不同角度和距离观看展品。

1996 年 12 月,世界第一个 VR 环球网在英国投入运行。这样,互联网用户便可以游览一个立体的虚拟世界,身临其境般地欣赏各地风光,参观博览会,到大学课堂听讲座等。输入英国"超景"公司的网址之后,显示器上将出现"超级城市"的立体图像。用户可从"市中心"出发,参观虚拟超级市场、游艺室、图书馆和大学等场所。

进入 20 世纪 90 年代后,计算机软硬件技术迅速增强,极大地推动了 VR 技术的发展,使得基于大型数据集合的声音和图像的实时动画制作成为可能。人机交互系统的设计不断创新,很多新颖实用的输入输出设备不断出现在市场上,这些都为 VR 系统的发展打下了良好的基础。

1993 年 11 月,宇航员利用 VR 系统的训练,成功完成了从航天飞机的运输舱内取出新的望远镜面板的工作。波音公司在一个由数百台工作站组成的虚拟世界中,用 VR 技术设计出由 300 万个零件组成的波音 777 飞机。

英国"超景"公司总裁在新闻发布会上表示:"VR 技术的问世,是互联网继纯文字信息时代之后的又一次飞跃,其应用前景不可估量。"随着互联网传输速度的提高,VR 技术也趋于成熟。因此,VR 全球网的问世已是大势所趋。这种网络将广泛地应用于工程设计、教育、医学、军事、娱乐等领域,VR 技术改变人们生活的时代即将来临。

进入 21 世纪之后,智能手机迎来飞速发展的黄金时期,VR 逐渐被人遗忘,在市场上也处于不温不火的状态,但是各个公司仍然不断研发和积累 VR 的技术。索尼在第一个十年期间推出了 3kg 重的头盔,Sensics 公司也推出了高分辨率、超宽视野的显示设备 piSight。

2006 年,美国国防部建立了一套虚拟世界的《城市决策》培训计划,以提高相关人员应对城市危机的能力。

从 2012 年之后,VR 技术走出沉寂,各种设备层出不穷,实现了技术的爆发。2012 年,Oculus Rift 问世,让普通用户也能够体验 VR 世界。其在 Kickstarter 上市仅一个月就获得了 9522 名消费者的支持。

2014 年,Google 发布了其 VR 体验版解决方案,即 Cardboard。这种廉价易用的虚拟眼镜配合手机,让人更轻松地体验到虚拟世界的美妙。到了 2015 年,HTC Vive 正式问世。2016 年,大约有 230 家公司开始致力于 VR 项目,这一年也被称作"VR 元年",自此 VR 设备得到了飞速的发展。

2020 年,由于疫情的原因,线下演出受阻,特拉维斯·斯科特(Travis Scott)在《堡垒之夜》上举办了 ASTRONOMICAL 虚拟演唱会,众多玩家对未来的虚拟世界充满着期待。

2021 年 10 月 28 日,Facebook 更名为 Meta,正式将所有的筹码压到了未来有很好前景的 VR(或称元宇宙)上。

1.3　VR 的发展趋势

作为一个具有较长历史,但实际刚刚新兴的产业,VR 技术与产业的发展轨道尚未完全定型。从关键技术上看,以近眼显示、渲染处理、感知交互、网络传输、内容制作为主的技术体系正在形成。

1.3.1　VR 兴起的原因

VR 近年来成为业内热点,伴随着产品体验和内容生态的不断完善,用户群体的规模不断扩大。市场的增长吸引了消费者、开发者、投资者、政府等不同主体的持续关注。

(1) 内容生态不断完善。截至 2022 年年底,全球范围内知名娱乐应用市场 Steam 上支持 VR 的内容数量约为 7000 个,占比超过 5%,每天活跃使用 VR 应用的用户也有近 300 万。活跃用户数量的增长进一步刺激了产品的更新速度和投资力度。

(2) 硬件门槛显著降低。随着集成电路行业的发展,硬件成本大幅降低,从 2015 年以前专业的 HTC Vive 设备入门所需要上万元,到现在 Pico 一体机只需要 1000 元。这一成本变化主要体现在光电子与微电子方面。例如微电子方面,低成本的 SoC 芯片与 VPU(视觉处理器)的普及使得集成电路领域不再是 VR 技术发展的瓶颈。

(3)资本关注日益提升。2014 年,Facebook 以 20 亿美元收购 Oculus,释放重大产业信号;2018 年,MagicLeap 宣布已筹集了 4.6 亿美元资金;2021 年,字节跳动以 90 亿元人民币收购了 Pico。此外,谷歌、苹果、微软等多家公司纷纷投入重金进行 VR 相关产品研发和市场推广。

(4)国家政策重点支持。美国政府早在 20 世纪 90 年代就将 VR 作为《国家信息基础设施(NII)计划》的重点支持领域之一。在我国,VR/AR 技术已被列入"十三五"国家信息化规划、《中国制造 2025》、"互联网+"等多项国家重大规划及政策中,工信部、发改委、科技部、文化和旅游部、商务部都纷纷出台了相关政策。

1.3.2　VR 关键技术趋势

VR 涉及多个技术领域,需要多个学科的技术融合才能提供良好的用户体验。中国信息通信研究院和华为技术有限公司共同发布的《虚拟(增强)现实白皮书》,针对 VR/AR 的发展特性,首次提出"五横两纵"的技术体系及其划分依据(见图 1.3)。"五横"是指近眼显示、感知交互、网络传输、渲染处理与内容制作五大技术领域。"两纵"是指支撑 VR/AR 发展的关键器件和设备,以及内容开发工具与平台。

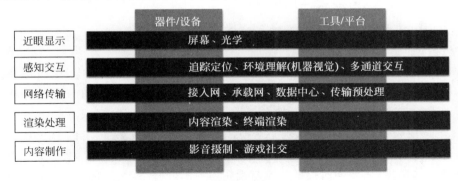

图 1.3　"五横两纵"技术架构

(1)视场角显示成为提升 VR 近眼显示沉浸感的核心技术。现阶段 VR 显示技术以视场角(Field Of View,FOV)等高交互性为首要发展方向,而非高分辨率等画质提升。然而,目前国内外代表产品在一定体积与重量的约束条件下,FOV 大多仅停留在 20°～40°的水平。因此,在初步解决硅基有机发光半导体(OLEDoS)等屏幕问题或硅基液晶(LCOS)等微投影技术问题后,提高 FOV 等 VR 视觉交互性能成为业界的发展趋势。相比扩展光栅宽度的传统技术路线,波导与光场显示等新兴光学系统设计技术正在成为谷歌、微软等行业领军企业的核心技术突破方向。

(2)感知交互技术聚焦追踪定位、环境理解与多通道交互等热点领域。其中,追踪定位是一切感知交互的先决条件,只有确定了现实位置与虚拟位置的映射关系,才能进行后续诸多交互动作。此外,提升用户各感官通道的一致性与沉浸体验度成为感知交互领域的重点发展趋势。浸入式声场、眼球追踪、触觉反馈、语音交互等交互技术已经成为 VR 技术发展所需的刚性条件,且这种刚性发展的趋势愈发明显。

（3）网络传输技术呈现大带宽、低延时、高容量、多业务隔离的发展趋势。5G 网络所具有的超大带宽、超低延时及超强移动性，能够确保 VR/AR 给予用户更完整的沉浸性体验，VR/AR 将成为 5G 网络早期商用的重点应用领域。同时，VR 也对网络建设方面提出了新的要求，简化架构、智能管道、按需组播、网络隔离成为 VR 承载网络技术的发展趋势。此外，投影、编码与传输技术成为优化网络性能的重要方向。

（4）渲染处理技术双轨并行，优化渲染算法与提升渲染能力。一方面，渲染优化算法聚焦 VR 内容渲染的"节流"，即基于视觉特性、头动交互与深度学习，减少无效计算与渲染负载，降低渲染延时。主要技术路径包括注视点渲染（Foveated Rendering）和多视角渲染。另一方面，渲染能力的提升表现在云端渲染、新一代图形接口、异构计算、光场渲染等领域。例如，云渲染术将大量计算放到云端，消费者可在轻量级的 VR 终端上获得高质量的 3D 渲染效果，对终端的硬件性能不必太高。

（5）内容制作瞄准企业级市场，消费者市场重点投入游戏领域。谷歌和微软等企业在尝试消费者市场后，都将自己的头显定位于领域性强的企业级市场，例如工业维修、教育、医疗等。手持式智能终端直接面向普通消费者，因此受到游戏行业的重点关注。此外，VR 内容制作现在仍然很大程度依赖于传统的移动端 3D 开发工具，在后续发展中仍需对开发引擎、网络传输、SDK/API 等进行深度优化，甚至要重新设计研发。

1.3.3 VR 产品期望与痛点

消费者对 VR 产品的主要期望在于三方面。

1. 清晰度

清晰度主要的指标由人眼在一度视角内所能看到的像素数来决定，该指标被定义为 PPD（Pixels Per Degree）。业界认为，人眼视网膜分辨率的极限是 60PPD，在 60PPD 以下，PPD 越大，清晰度越高。双眼 4K 分辨率，100°视场角的显示器 PPD 只有 19。与普通视频不同，VR 全景视频会先把画面投影到一个空间球面上，因此，视频内容的 PPD＝视频分辨率/360。4K VR 全景视频内容的 PPD 只有 11，远低于视网膜的极限。因此，为提升用户观看 VR 视频的清晰度，需要同时提升头显与视频内容的分辨率，尤其是视频内容的分辨率。

2. 流畅性

流畅性一般指的是显示屏的垂直刷新率，即每秒钟屏幕刷新的次数。刷新率低于 60Hz，屏幕会出现明显抖动，所以一般要求高于 72Hz。帧率是指 1 秒内传输帧的数量。在 GPU 支持的情况下，帧率越高，画面越流畅。VR 的帧率一般要求在 90FPS 以上。可见，刷新率与帧率均会影响画面的流畅度。但是若刷新率低于帧率，将导致某些帧未能显示，造成有效帧减少，影响流畅度。因此，VR 需要高性能的 GPU 来保证比较高的稳定帧率，同时还要不断提高显示器的刷新率。

3. 交互性

交互性要求，从用户做出运动到 VR 系统做出相应的交互反馈，这之间的时间间隔要足够小。业界认为应小于 20ms，否则将产生眩晕感。对于本地 VR 来说，从输入设备采集用户姿态信息，到将姿态信息传送至计算机，再到计算机根据用户信息进行计算与画面渲染后，重新发送至用户显示器显示，这整个交互过程的延时要低于 20ms，否则将产生眩晕感。因此，要不断降低各环节处理时间，以降低整体延时，保证用户体验。

　　而现在 VR 产品仍存在部分痛点,导致用户体验存在瑕疵,包括清晰度不够高、流畅度不够、应用交互设计不友好、交互延时过长等,这些因素均导致用户在体验 VR 应用过程中容易出现眩晕症状。产生眩晕的另外一个重要因素是视觉辐辏调节冲突(Vergence-Accommodation Conflict)。调节(Accommodation)和聚散(Vergence)的含义分别如下。

　　(1)调节:为了清楚地观看物体,人眼需要不断调整焦点,以看清楚不同距离的物体。

　　(2)聚散:眼球聚散或各自向内/向外旋转,将注视的物体视为单一物体,避免看到重影。

　　在自然视觉中,调节和聚散常常一起工作,聚散的程度会影响眼睛晶状体的调节,反之亦然,从而保证灵活而强大的视力。在 VR 应用中,3D 图像总是显示在眼前固定距离的屏幕上,眼球晶状体聚焦的距离一直不变(调节固定),当看向不同距离的物体时,仍然需要旋转眼球让视线汇聚到不同深度的物体上(聚散变化),这时调节和聚散之间不匹配,打破了原本大脑里自然的对应关系,辐辏调节冲突出现了,容易导致眩晕症。

1.4　VR、AR 和 MR

　　近年来,大家时常会听到这三个词语:VR、增强现实(Augmented Reality,AR)、混合现实(Mixed Reality,MR)。这三者略有差别,但又紧密相关,特别是在技术路线上,有许多相通之处。它们的本质区别是真实世界与虚拟世界叠加的比例。图1.4直观地呈现了三者的区别和联系。

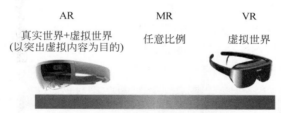

图 1.4　AR、MR 和 VR 的概念

1.4.1　VR

　　VR 采用以计算机技术为核心的现代技术,生成逼真的视、听、触觉一体化的一定范围的虚拟环境,用户可以借助必要的装备以自然的方式与虚拟环境中的物体进行交互,从而获得身临其境般的感受和体验。因此,在 VR 中,用户所看到的 3D 场景内容都是虚拟的。这种技术的优点在于可以为用户提供完全沉浸的虚拟环境,允许用户与虚拟世界的数字内容进行自由交互。其所创造的内容也不局限于用户所处的真实环境,即使身处三亚的海边沙滩,也可以通过 VR 技术完全沉浸在内蒙古大草原,甚至可以随心所欲地穿越时间到唐宋时期,穿越空间到火星木星。

1.4.2　AR

　　AR 能够同时呈现真实场景和虚拟场景,并结合音频、触觉、气味等人为产生的反馈,向用户提供真实世界中不存在、难感知、易忽略的信息。VR 与 AR 的相同点在于都需要使用计算机图形技术绘制虚拟图像。两者的区别在于,AR 突出了用户通过 AR 设备观察真实世界的特征,系统呈现的主体是用户当前所处的现实场景,而人为产生的内容则是辅助性信息,目的是服务于人在真实世界中的任务与活动。

1.4.3　MR

MR 和 AR 类似,是将真实场景和虚拟场景混合在一起。但相比 AR 以真实世界为主、虚拟世界为辅的特征,MR 则打破了这个限制,泛指以任意的形式将真实和虚拟的场景元素进行混合,终极目标是让用户无法区分虚实元素。

狭义来看,VR 与 AR 彼此独立,但两者在关键器件、核心技术、终端形态上都有较大的相似性,只在部分关键技术和应用领域上有所差异。因为 VR 使用场景一般是行动受限的室内,使用者无法戴着 VR 眼镜大范围移动,所以也有观点认为,AR 眼镜将部分替代手机的使用场景,VR 眼镜将部分替代计算机显示器、电视的使用场景。VR 通过隔绝式的音视频内容带来沉浸感体验,对显示画质要求较高;AR 强调虚拟信息与现实环境的无缝融合,对感知交互要求较高。

观看视频

1.5　VR 的应用领域

1.5.1　游戏领域

VR 技术一开始就是作为游戏而被研发的,玩家在 VR 游戏中有更多的可操作空间。优质的虚拟环境为用户带来了全方位的感官感受,让用户获得沉浸式的体验。索尼于 2016 年 10 月 13 日发售的 PlayStation VR(见图 1.5)是 VR 头显的典型代表,可以支持《夏日课堂》、RIGS、《直到黎明:血腥突袭》等一系列游戏。

图 1.5　PlayStation VR

1.5.2　社交领域

2015 年,英国软件公司 vTime Limited 发布了世界上第一个跨现实社交网络平台 vTime(见图 1.6)。该平台可在智能手机、平板电脑和 VR 头显等设备上使用。用户可以通过定制自己的化身,与世界各地的朋友在虚拟环境中进行社交。

图1.6 跨现实社交网络平台vTime

1.5.3 影视制作领域

2019年上映的新版《狮子王》使用Unity引擎制作动画(见图1.7),采用关键帧给生物建模,通过VR界面进行拍摄,实现了无片场、无演员、无摄像机的"三无"幕后制作。

图1.7 电影《狮子王》剧照

1.5.4 教育领域

VR技术的发展对于传统教育有着很大的影响,通过VR教育,改变传统教师主宰课堂的局面,让学生更加主动地接受知识,更加直观地观察到书本文字不能呈现的知识内容,从思维、情感和行为等多方面参与到教学活动当中。2015年谷歌启动Google Expeditions项目,通过使用VR技术以及低成本的Cardboard头显(见图1.8),让学生可以在教室中走遍全球各地。

2020年,国外的一位数学老师在VR游戏《半条命:Alyx》内(见图1.9),利用游戏中的马克笔和板擦,给学生上了一堂线上数学课,讲解了余角、补角等几何概念。

图1.8 Cardboard头显

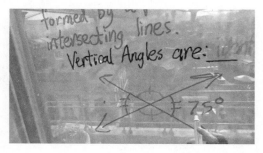

图1.9 在VR游戏《半条命:Alyx》中进行数学知识讲授

1.5.5　医疗领域

VR的高沉浸感、高可重复性、高定制性、远程可控性等特点,使其有助于丰富诊疗手段,降低诊疗风险,提高设备利用率,为医患双方创造便利条件,推动医疗的准确性、安全性与高效性。Level Ex通过对人体组织动力学、内窥镜设备光学和运动流体的现实模拟(见图1.10),针对外科手术医生提供了一种避免对人体产生伤害的手术训练方式;心理/精神类疾病诊治中采用VR疗法可免于创建真实治疗环境,通过为患者模拟不同的环境场所,不仅提供了一种认知行为刺激或进行暴露疗法,刺激病患大脑中相关的感应区,还提供了一种治疗心理精神类疾病的无药物方法,并且患者可居家进行治疗。

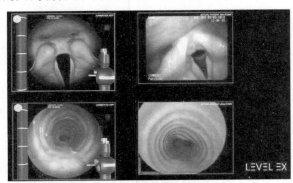

图1.10　Level Ex内窥镜现实模拟

1.5.6　语言领域

最佳的语言学习莫过于在真实的人际交流中学习。由多媒体计算机和辅助终端组成的模拟语言环境仅限于听说训练。学生面对机器设备中的语言学习资料,缺乏现场感。而VR一体机可以将对话中的人物直接显现在语言现场的环境中,让学习者有一种现场体验(见图1.11)。虚拟人物和学习者之间的对话过程完全和现实环境相近,而且学习者可以自行控制学习进度。如果结合语音识别,VR一体机中的虚拟角色还可以对学习者的错误进行识别判断和纠正,能达到在平面音视频教学里无法达到的学习效果。

图1.11　VR语言实训实验室

1.5.7　建筑领域

建筑师可以利用VR技术的硬件设备与软件平台,沉浸式地实时体验虚拟场景的功能空间,进行建筑创作设计与修改(见图1.12)。在VR模拟的VR环境中,建筑师可以分析体验营造基地与周遭环境、室内外空间、光影关系、尺度感、建筑材料与色彩等设计基本要素,并在体验过程中对方案进行修改完善。

1.5.8　旅游领域

VR全景旅游,指的是在现实旅游景观的基础上,通过模拟实景构建的VR全景旅游环境(见图1.13)。VR全景旅游应用计算机技术实现场景的3D模拟,借助一定的技术手段使操作者感受真实目的地场景,使用数码相机捕捉真实场景的图像信息,结合全景软件制作VR全景旅游场景,生成虚拟全景并发布Flash格式(用于上传网页)或HTML5格式(用于苹果系统或安卓系统)。观赏者可以通过鼠标放大或缩小图像,并随意拖动观看场景。

图1.12　VR建筑设计

图1.13　VR全景旅游

1.5.9　广告领域

VR全景广告是一种新的营销方式,通过相机设备拍摄实景,利用VR技术可以将实景完全真实地还原到互联网平台上。对比传统的平面图片与文字展示来说,VR广告呈现得更加立体化、真实、生动(见图1.14)。

1.5.10　交通领域

轨道交通模拟就是运用VR技术模拟出从轨道交通工具的设计制造到运行维护等各阶段、各环节的3D环境,用户在该环境中可以全身心地投入到轨道交通的整个工程之中进行各种操作(见图1.15),从而拓展相关从业人员的认知手段和认知领域,为轨道交通建设的整个工程节约成本与时间,提高效率与质量。

图1.14　VR全景广告

图1.15　VR技术用于轨道交通模仿系统

1.5.11 工业领域

VR 技术的出现给工业领域带来深层次的技术支持。VR 技术已经改变了工厂生产的展示形式。VR 工厂系统(见图 1.16)的成功开发,从生产机械设备的运作状态,到工况监测数据,再到产品的装配调试环节,都能实现 3D 立体可视化,从而让生产场景真实地呈现在人们眼前。

图 1.16 VR 工厂系统

1.6 VR 技术概览

VR 技术覆盖计算机图形学、人机交互、多媒体、传感物联、网络通信等多个学科与领域,是一门富有挑战性的具有交叉技术的前沿学科,具体所涉技术包括图形绘制、3D 建模、人机交互、应用开发等。具体而言,每个模块涉及的技术种类多样,在包括主流商业软硬件已经支持的技术同时,大量的科研工作者还在不停地推动前沿技术的发展。本书在后续章节中,将依次介绍图像反馈、3D 建模、多模态输入和多模态反馈技术,在覆盖前沿技术进展的同时,考虑到实践案例的可行性,主要选择成熟商业软硬件支持的模块来构建我们的实践案例。

全书章节如图 1.17 所示,读者可以根据自己的兴趣自由选择章节阅读,也可以根据全书结构顺序,从图像反馈开始,最终完成示范案例的构建。

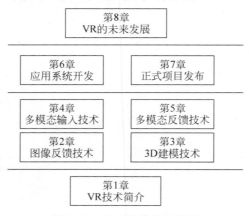

图 1.17 全书各章节结构图

观看视频

1.7　小结

本章简要介绍了 VR 技术的发展历程,区分了 AR、VR 和 MR 之间的异同。同时,本章介绍了主流的软硬件平台,并通过已有的相关案例,说明 VR 技术在旅游、教育、医疗等诸多领域的应用。一个成功的 VR 应用既依赖于一套优秀稳定的硬件系统,同时也需要多方面的软件算法。

在接下来的各章中,我们将逐一介绍 VR 中涉及的核心技术,包括定位、显示、反馈、协作等多方面。每一方面都很重要,正被许多科学家和工程师共同努力研究。正是这些问题的完美解决,才让如今智能手机的功能日益强大,使得 VR 的应用惠及每位用户。

习题

1. 请说明 VR、AR 和 MR 的异同点。
2. 请举出身边熟悉的 VR 的一个应用,并简单分析它的功能及优缺点等。
3. 针对自身生活中的一些难事,能否考虑用 VR 技术来解决?
4. 调研现有的 VR 主流软硬件平台(不局限于教材中所列举的),通过表格方式对比各平台的性能指标。

第2章

CHAPTER 2

图像反馈技术

2.1 人类视觉机制

视觉是人类最重要的感官之一,是传递信息的门户。在日常生活中,人们通过双眼观察到的信息可以占到获取的所有外界信息的 80%。眼睛作为感觉器官能够对光起反应,传送信号至大脑,从而产生视觉。眼球大致呈球状(见图 2.1),成人眼球的前后直径为 23~24mm,横向直径约为 20mm。由外而内,眼球可以划分成三层膜结构:分布在最外层的是角膜和巩膜,中间层包括脉络膜、睫状体和虹膜,最内层的是视网膜。在不同的膜结构之间充斥着眼球内容物,为了保证光线顺利通过,内容物都是透明的。眼球内容物包括房水、晶状体、玻璃体。房水是一种清澈透明的液体,主要分布在两个区域,包括晶状体暴露的区域以及在角膜和虹膜中间的眼前房。晶状体被悬韧带悬吊,与睫状体相连,通过微小调节让视线聚焦在不同距离的物体上。玻璃体和眼后房是比眼前房大的清澈胶状物,位置在晶状体的后面和其余区域,包覆在巩膜、小带和晶状体的周围。眼前房和眼后房通过瞳孔连通。

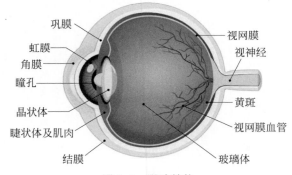

图 2.1 眼球结构

人眼的以上结构可以划分为屈光系统以及感光系统。其中,屈光系统包括角膜、房水、晶状体和玻璃体。屈光系统起着物理学凸透镜的折射与反射作用,从而完成屈光反应,目的是将物体清晰地成像在视网膜上。

感光系统由视网膜组成。视网膜很薄但结构非常复杂,紧贴在眼球的后壁上,主要由色素上皮层和视网膜感觉层组成,可以将光信号转化为神经信号,再将神经信号传递到大脑皮质从而形成视觉(见图 2.2)。视网膜上的感光细胞包括视杆细胞和视锥细胞。视杆细胞和视锥细胞帮助我们进行外部事物的辨别,并能够产生景深。视锥细胞位于黄斑部,主要帮助我们分辨颜色以及在明亮的光线下观察环境。在视锥细胞的帮助下,人眼大约可以对1000多万种不同颜色进行区分。视杆细胞分布在视网膜的周边,对弱光更为敏感。视杆细胞的功能主要反映在我们的周边视力和夜间视力上。

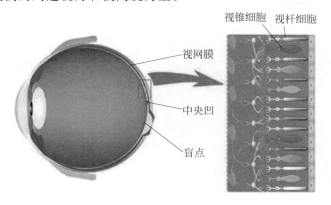

图 2.2　视杆细胞和视锥细胞示意图

　　一个简单的视觉感知过程如下：在物体表面反射的光线依次通过角膜、瞳孔、晶状体进入我们的眼睛(见图2.3)；角膜和晶状体将进入的光线集中起来投射到视网膜上；通过晶状体的调节,我们可以让视线聚焦在不同距离的物体上；通过虹膜的缩放来控制进入眼球的光线亮度；视网膜负责将不同波长、对比度和亮度的光线解析为生理信号,该生理信号再通过视神经和神经通路传递到大脑的视觉信息处理区域,最终形成视觉。

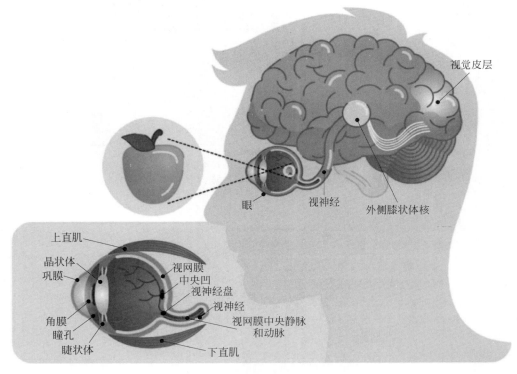

图 2.3　人类视觉感知过程

视觉感知特性,即人类视觉系统感知图像信息的特性,主要包括视觉关注、特征整合理论、亮度及对比敏感度、视觉掩盖和视觉内容推导机制等(见图 2.4)。其中,视觉关注机制是指,人类视觉总能快速定位场景中重要的目标区域并进行细致的分析,而对其他区域仅进

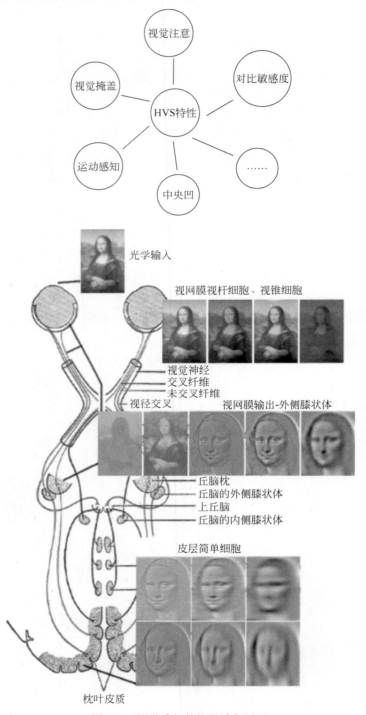

图 2.4 视觉感知特性及感知过程

行粗略分析甚至忽视。这一机制体现了人类视觉系统主动选择关注内容并加以集中处理的视觉特性。视觉关注可由两种模型引发,一种是客观内容驱动的自底向上关注模型,另一种则是主观命令指导的自顶向下关注模型。在视觉注意的初期,输入信息被拆分为颜色、亮度、方位、大小等特征进行并行加工,最后各种特征在视觉注意的参与下逐步整合。

亮度及对比敏感度是指,人眼对光强度具有某种自适应的调节功能,通过调节感光灵敏度来适应范围较广的亮度。人眼对外界目标亮度的感知更多依赖于目标与背景之间的亮度差。另外,人类视觉系统非常关注物体的边缘,往往通过边缘信息获取目标物体的具体形状信息。人类视觉系统对模糊边缘的分辨能力被称作对比敏感度。视觉掩盖是指视觉信息间的相互作用或相互干扰。常见的掩盖机制有对比度掩盖、纹理掩盖和视域运动掩盖。视觉掩盖机制使人眼无法察觉到一定阈值以下的失真。该阈值被称为恰可识别失真,在实际图像处理中具有重要的指导意义。人类视觉系统中存在一套内在的推导机制,用于理解输入的视觉信号。对于输入的场景内容,人类视觉系统会根据大脑中的记忆信息来推导、预测其视觉内容,同时将无法理解的不确定信息丢弃。

观看视频

2.2 头戴式 VR 成像技术

对于头戴式 VR 显示技术,人眼的部分基本属性对于成像至关重要。

FOV 表示一定距离内的最大视野范围(见图 2.5(a)),在 VR 设备中表现为眼睛与显示器两侧形成的夹角。人的双眼视角会有 120° 的重叠,双眼重叠对于人眼构建立体和景深是非常重要的。

瞳孔间距为两眼正视前方时,两个瞳孔间的水平距离(见图 2.5(b))。瞳孔间距在双目视觉系统中有着重要影响。错误的瞳孔间距计算会影响双目图像的对齐,从而导致图形失真、视觉疲劳以及头晕等。

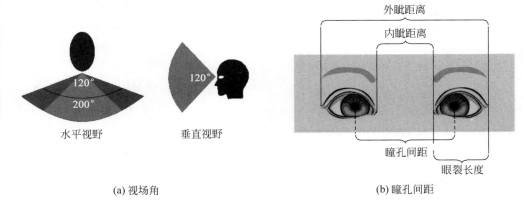

(a) 视场角　　　　　　　　　　　　　　(b) 瞳孔间距

图 2.5 视场角和瞳孔间距

在 VR 系统中,关键技术是立体显示。该技术能够使人在虚拟世界中具有更强的沉浸感,使各种模拟器的仿真效果更加逼真。

2.2.1 裸眼 3D

裸眼 3D(Autostereoscopy)是对不借助偏振光眼镜等外部工具,实现立体视觉效果的

图 2.6 裸眼 3D 显示效果

技术的统称。通俗来讲,就是指用户不需借助任何外部设备,仅凭肉眼就可以将平面二维图片或视频看出 3D 立体效果(见图 2.6)。而裸眼 3D 基本上都是针对双目视差来说的,具有视差的图像经过相应处理后,可以在裸眼 3D 显示屏上呈现立体效果。目前,该类型技术的代表主要有光屏障式 3D 技术、柱状透镜技术和指向光源 3D 技术等。

光屏障式 3D 技术是通过开关液晶屏、偏振膜和高分子液晶层来实现的,需要利用液晶层和偏振膜来制造一系列方向为 90°的垂直条纹。这些条纹宽几十微米,通过它们的光线形成一个被称为"视差屏障"的垂直细条栅模式。该技术正是利用了安置在背光模块及液晶显示屏间的视差障壁,在立体显示模式下,应该由左眼看到的图像显示在液晶屏上时,不透明的条纹会遮挡右眼;同理,应该由右眼看到的图像显示在液晶屏上时,不透明的条纹会遮挡左眼,通过将左眼和右眼的可视画面分开,使观看者看到 3D 影像。该技术的显示原理如图 2.7 所示。

柱状透镜技术也被称为微柱透镜 3D 技术,它的显示原理与光屏障式 3D 技术原理比较相似。通过使液晶屏的像平面位于透镜的焦平面上,每个柱透镜下面的图像的像素被分成几个子像素,这样透镜就能以不同的方向投影每个子像素。于是双眼从不同的角度观看显示屏,就看到不同的子像素,从而接收到具有视差的立体对图像,该技术的显示原理如图 2.8 所示。

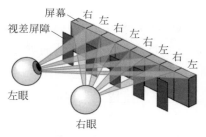

图 2.7 光屏障式 3D 技术显示原理

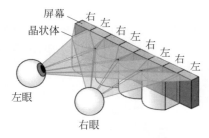

图 2.8 柱状透镜技术显示原理

指向光源 3D 技术,通过搭配分布在左右两侧的两组不同角度的 LED,配合快速反应、高刷新率的液晶显示屏面板和反射棱镜模块的方法,让 3D 内容以奇偶帧交错排序方式进入观看者的左眼和右眼,通过互换影像来产生视差,进而让人眼感受到 3D 效果。简单说来就是精确控制两组屏幕分别向左眼和右眼投射图像。该技术的显示原理如图 2.9 所示。

2.2.2 全息投影

全息投影技术也叫作虚拟成像技术,通过干涉和衍射原理记录和再现 3D 图像。通过全息投影技术,可以播放预制图像,以 3D 形式显示在观众面前。不同于平面银幕投影仅仅在 2D 表面通过透视、阴影等效果实现立体感,全息投影技术是真正呈现 3D 的影像,可以全方位观看影像的不同侧面。相比于 VR 技术需要用户佩戴特定的头盔,体验过程会出现负重、晕眩等感受,观看采用全息投影技术的画面时,观众不用佩戴任何装置,不会产生视觉疲劳,观影舒适度很高。但考虑全息投影仅是物体的投影,不能主动开辟画面,因此互动性不

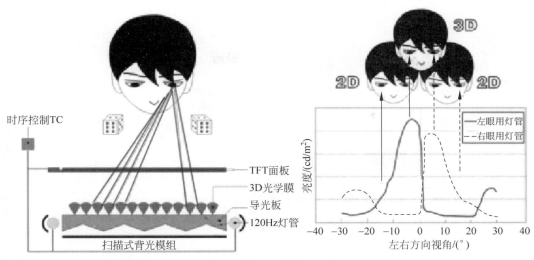

图 2.9　指向光源技术显示原理

如 VR 技术。全息投影技术多用于空间展示,目前应用最广泛的是舞台展示(见图 2.10)、商业展示和全息投影照片。全息投影设备包括全息投影仪、全息投影屏幕、全息投影膜等。

图 2.10　全息投影在演唱会中的现场效果

全息投影技术的优势包括:

(1) 投影的图片清晰度高、色彩鲜艳、直观清晰、效果震撼,观众无须戴 3D 眼镜。

(2) 立体感强,可以使人沉浸在虚拟图像中。

(3) 不受场合限制,可以支持多角度全息投影,并以不同的方式显示。

(4) 需要显示的内容画面可以随意改变,适合表达各种主题,适用范围比较广。

全息投影技术分为两步:波前记录和物体再现。其中,波前记录是利用光的干涉原理记录物体光学信息(见图 2.11)。激光器发出的激光由分束镜散射成两束:一束光被平面镜反射、扩束镜分散后照向物体,形成漫反射的物光束;另一束光经反射、扩束后直接照射到全息干板上,成为参考光束与物光束相干叠加。这两条光干涉条纹的反衬度和几何特征(形状、间距、位置)记录的就是物体的振幅和相位信息。

物体再现是指利用光的衍射原理再现物体的光波信息(见图 2.12)。全息图是一个复杂的光栅,是照明光波(再现光)被全息图衍射后出现的三种衍射波,即物光波、物光波的共轭波、照明光波的直射波。物光波形成原始像,而共轭波形成共轭像。再现的图像立体感很强,给人以真实的视觉感受。

现有的全息投影技术主要分为三类:空气投影和交互;激光束投射;360°全息屏。其

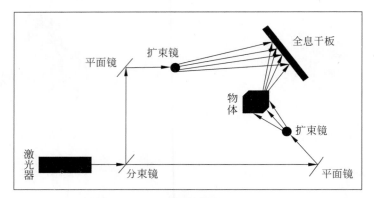

图 2.11　全息投影波前记录原理

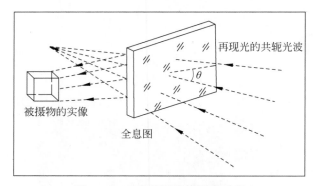

图 2.12　全息投影物体再现原理

中,空气投影和交互技术是一种不需要复杂设备就可以直接在空中显示的技术。通过在气流形成的墙壁上投射互动画面,图像被投射在水蒸气上,由于分子振动的不平衡形成层次感和立体感强的画面。激光束投射 3D 影像技术是利用激光束投射实体的 3D 图像,让氮气和氧气在一定物质的刺激下产生化学反应,形成浆状物质,在空气中形成 3D 画面。360°全息屏技术是通过在高速旋转的镜子上投射图像,完成 3D 图像的显示。全息投影技术作为 VR技术的一种终极进化的版本,是 3D 立体技术的延伸,也是未来应用的趋势。

2.2.3　投影映射

与常见的传统平面图像不同,VR 图像包含了更多内容信息,近似一种 3D 球面图像,两者在空间维度上的不一致造成了 VR 图像在传统编解码格式上的不兼容。为了解决这个问题,相关学者提出了从球面到平面的投影映射方法。但是球面投影多为非线性投影,不同的投影格式会给图像带来不同程度上的形变与失真,影响最终的体验,因此投影格式的选择和优化是 VR 图像研究中亟须解决的难点之一。

现在主流的投影格式有等距柱状投影(Equi-rectangular Projection Format,ERP)、立方体投影(Cubemap Projection Format,CMP)和截断金字塔投影(Truncated Square Pyramid Projection Format,TSP)。为了规范统一,JVET 小组向使用者公开提供了一个用于球面投影格式转换的平台——360Lib,支持包括 ERP、CMP、TSP 和 SSP 等在内的 14种不同投影映射格式的转换,同时,360Lib 提供了不同投影格式的量化评价指标,为选择合适的投影格式提供参考。下面简要介绍主流的投影格式。

（1）ERP。

ERP 是目前应用最广泛的一种投影格式。ERP 算法实现复杂性较低，空间连续性较好，几乎各大 VR 视频播放平台和头显都支持 ERP 转换。ERP 的实现过程可以形象地理解为将一个地球仪展开为地图的过程（见图 2.13）。ERP 要求每条纬线上拥有相同的采样点数，即保证能得到展开平面的条件下，对每行像素进行了不同比例的拉伸。从赤道到两极，拉伸的比例逐渐增大，需要引入的冗余像素也逐渐增多，极大地降低了投影的均匀性。

图 2.13　ERP 示意图

（2）CMP。

CMP 是一种常见的立方体贴图投影格式，主要通过透视的方式完成从球面到立方体面的映射。CMP 的实现过程可以理解为将球面上的内容投影到外切立方体后，将这个立方体以一定的规则展开成平面的过程（见图 2.14）。

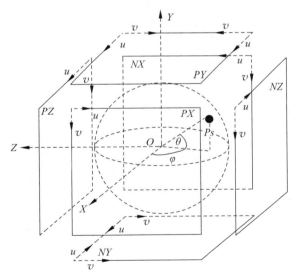

图 2.14　CMP 示意图

与 ERP 相比，CMP 需要进行特定的空间转换，将球面上的像素投影分布到外接正方体的 6 个面上，并保证每个面上的像素相对均匀。CMP 虽然有效降低了投影非均匀化的程度，但是立方体的不同展开规则都不可避免地破坏了原始图像在空间上的连续性，容易在编码过程中出现匹配错位的问题。图 2.15 展示了 CMP 的两种排列方式：图 2.15(a)显示的是非紧凑式排列，该方式存在大量的冗余像素（灰色部分）；图 2.15(b)显示的是紧凑式排列,即将索引面重新排列,将编号为3、1、2的部分拼接在4、0、5的下面,这种CMP排列方式又被称作重建立方体投影(Reshaped Cubemap Projection Format,RCMP)。

(a) CMP投影　　　　　　　　　　　(b) CMP投影(3×2排列)

图2.15　CMP的两种排列方式示例

（3）TSP。

TSP又被称作四边形金字塔投影格式,是一种异型投影格式。与CMP不同,TSP选择性地对棱柱的6个面执行不同的采样操作(见图2.16)。以棱柱的底面作为用户的主要观察区域,进行原始分辨率采样和投影;棱柱的4个侧面为用户的次观察区域,进行低分辨率采样和投影;棱柱的上面为用户几乎看不到的区域,以最低分辨率进行采样和投影。这种可变投影策略可以在忽略无关像素的同时保证视频质量,从而减少带宽压力。但在实际应用中,使用TSP这种投影格式需要提前生成各种四边形棱柱,以便用户选择不同的聚焦内容的方向。

图2.16　TSP示意图

2.2.4　全沉浸式成像机制

光学透视设备是把光学组合器放置在用户眼前,通过光学组合器内部的投影仪将虚拟信息反射到用户眼中。除散射光外,光传播的方向在介质中不会改变,而是在介质的表面发生折射从而偏离。因此,透镜中心的大部分材料只会增加系统的重量和光线的吸收量。基于此原理,菲涅尔透镜在传统透镜的基础上去掉直线传播的部分,而保留发生折射的曲面,从而在节省大量材料的同时达到相同的聚光效果。Pancake方案进一步压缩了模组厚度,提升了用户的舒适度和沉浸感。折叠光路Pancake方案利用半透半反偏振膜的透镜系统折叠光学路径,光线在镜片、相位延迟片以及反射式偏振片之间多次折返,最终从反射式偏振片射出,进入人眼。

Pancake方案设计以偏振光原理为基础,如图2.17所示,利用反射偏光片对不同偏振光会进行选择性反射和投射的特性,实现光线在半透半反镜和反射偏光片之间来回反射,并最终从反射偏光片透射出去。圆偏振光在第一次通过1/4相位延时片后变为线偏振光,到达反射偏光片并被反射,在第二次通过1/4相位延时片后变回圆偏振光,被半透半反镜反射并第三次通过1/4相位延时片,再次变为线偏振光。因为本次的线偏振光相比第一次旋转了90°,得以通过反射偏光片完成成像。然而,与菲涅尔透镜相比,Pancake方案的缺点在

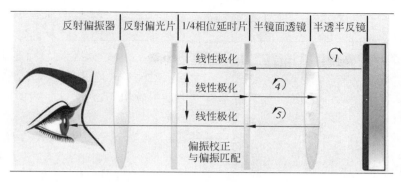

图 2.17 Pancake 方案工作原理示意

于,透镜内部的光反射导致了光效率降低。简而言之,它会使佩戴者感知到的图像变暗。

Pancake 方案的落地不仅是光学系统自身的重大创新,同时也为 VR 头显整机设计预留了空间,预计将是未来几年 VR 头显主流的光学方案选择。

2.2.5 视频透视

视频透视的原理是直接在摄像头拍摄的画面上叠加虚拟内容(见图 2.18(a))。用户观看的是屏幕上的虚拟内容,而不是真实世界中的内容。摄像机摄取的真实世界图像会被输入计算机,与计算机图形系统产生的虚拟景象合成,并输出到显示器。这种方案接近于 VR场景,通常用于具有 AR 功能的 VR 头显上。视频透视的代表产品有 Varjo XR 等 VR 头显(见图 2.18(b))。视频透视的优点是,虚拟内容与真实环境的融合看起来更加自然,但是这种基于摄像头和屏幕组合的方案,在光学显示方面存在着一定的不确定性,包括对比度、亮度、视场角等。

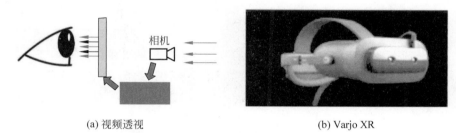

(a) 视频透视   (b) Varjo XR

图 2.18 视频透视原理和 Varjo XR

2.3 VR 关键渲染技术

观看视频

2.3.1 实时渲染

实时渲染在 VR 技术中是非常重要的。实时渲染就是计算机把动态数据渲染成一幅画面,而为了使画面动画效果平滑,需要较高的渲染帧率。实时渲染关注的是交互性和实时性,一般制作的场景需要进行优化以提高画面计算速度并减少延迟。特别是在进行 VR 交互的时候,渲染引擎还需要对交互的内容进行响应,如响应手势、声音、手柄发送的命令。传统的实时视频是指每秒能渲染 30 帧以上的视频,VR 领域通常对渲染帧率有更高的要求,渲染帧率要在每秒90帧以上才能减轻晕眩恶心的体验感,并且画质要求在1k以上。因此,实时渲染对计算速度要求非常高,需要用到并行算力很强的GPU。这种高速的渲染主要应用在图像交互领域,如VR、游戏等。

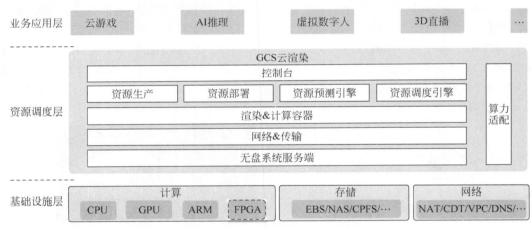

图 2.19　VR在游戏中的实时渲染效果

与实时渲染对应的是离线渲染,常用于电影行业中的特效制作,它渲染一帧的速度远远低于实时渲染,但是展示效果更为精美。在这种场景下,画面不会因用户交互而有所改变。图2.19中的一款VR拳击舞蹈游戏,需要玩家不停跳动,才能使虚拟化身同虚拟场景进行交互,从而获得更有趣的运动体验。

依赖于本地硬件的渲染不仅需要用户购买、维护复杂的硬件设备,还限制了应用的移动性。配合5G移动通信的云渲染技术的出现,将解决终端设备渲染能力有限的问题。GCS(Graphic Computing Service)云渲染是指将需要渲染的3D场景上传到云渲染平台,由云渲染平台来调度服务器。这个过程可能会调度成百上千乃至上万台云端服务器同时来完成,不需要占用本地服务器的算力,相当于完全在另一台(或多台)云端服务器上渲染。图2.20展示了阿里云渲染服务架构。因此,云渲染技术的渲染速度更快、效率更高。

业务应用层	云游戏	AI推理	虚拟数字人	3D直播	…

GCS云渲染

控制台

资源生产 | 资源部署 | 资源预测引擎 | 资源调度引擎

渲染&计算容器

网络&传输

无盘系统服务端

算力适配

资源调度层

基础设施层	计算				存储	网络
	CPU	GPU	ARM	FPGA	EBS/NAS/CPFS/…	NAT/CDT/VPC/DNS/…

图 2.20　阿里云渲染服务架构

为了使得渲染效果更加真实,绘制图像的过程中通常采用光线追踪技术。图2.21展示了光线追踪技术效果。所谓光线追踪,就是模拟光线在物理世界传输、作用在物体表面并最终影响成像结果的一项技术。

光线追踪能够逼真地模拟光线在场景中物体之间的折射、透射和反射效果。并且,追踪的层级越深,渲染效果越真实(见图2.22)。光线追踪技术计算量巨大,通常采用硬件GPU加速或者采用优化算法。

图 2.21　光线追踪效果

图 2.22 虚幻引擎中单次反弹的光线追踪效果(左)与多次反弹光线追踪效果(右)

2.3.2 场景加速

场景图(Scene Graph)将一组物体封闭在一个简单几何体(包围球、包围盒)内,建立树状结构来进行场景内物体空间位置的有效管理(见图 2.23),从而提高各种检测的运算速度。场景图的具体实现可以参考开源的 OSG(Open Scene Graph)项目。场景图的本质结构是树状结构,每个节点可以是矩阵变换、状态切换或几何对象。一般来说,终端节点都是具体、实际的几何对象。场景图在图像渲染、碰撞检测等任务上有重要的作用。如果大尺寸的包围球、包围盒不在渲染视图内,那么它们内部的所有物体都不用渲染,以提升渲染的效率。相似的原则也适用于物理仿真中的碰撞检测。

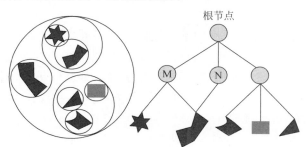

图 2.23 场景图

遮挡剔除也是场景加速的常用手法。3D 场景中的物体,如果不在用户的视锥范围内,那么就在当前帧的渲染中优先被剔除;接着是做距离剔除,对于距离非常远的物体也不必进行计算和渲染;最后还需要计算遮挡剔除,有些物体被视线前面的物体所遮挡,那么同样也不必要计算渲染了。在以上软件剔除算法之后,最终在 GPU 还会做一层硬件剔除,硬件剔除这步在软件开发层面不需要考虑。软件遮挡剔除的示意图如图 2.24 所示。

多层次细节处理(Level of Details)能够根据不同的相机距离,显示不同精细度的模型,达到计算量下降和性能提升(见图 2.25)。简而言之,距离相机近的物体将显示高精度的模型,距离相机远的物体将显示低精度的模型,甚至直接不显示。通过这种方式,在不影响观察者的视觉效果情况下,可以显著提高画面渲染的速度。Unity、虚幻引擎、Cocos 等 3D 内容创作引擎均提供这个重要的基本功能。

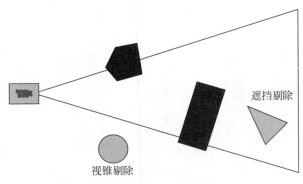

图 2.24　软件遮挡剔除的示意图

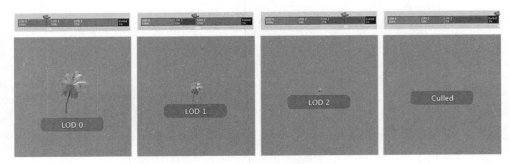

图 2.25　多层次细节处理

观看视频

2.4　实践环节——主页面开发

VR 使用户完全沉浸在头显呈现的虚拟场景中。因此,图像反馈是 VR 最重要的反馈方式。主流头显普遍采用全沉浸式成像机制(见 2.2.4 节),同时开发引擎也普遍支持在 2.3 节中提到的实时渲染、场景加速等功能,确保虚拟场景可以快速、逼真地呈现在用户眼前。利用现有的软硬件基础,我们可以快速创建一个 VR 应用。本书将介绍这个应用开发的完整流程,而本章将介绍主页面的建立。

为了给用户提供图像反馈,应用首先要建立一个主页面,即用户打开应用看到的页面。首先,我们来介绍一下游戏的启动流程。图 2.26 展示了游戏场景树。

(1) 从 login.scene 场景启动游戏,播放"启动界面"动画。

(2) 通过场景挂载的脚本,将拥有"启动界面"的 Canvas 节点保存到带有跳转功能的 fight.scene 场景。

(3) 在启动界面动画播放结束后加载"主界面"。

(4) 单击"主界面"上的 Start 按钮,关闭 homePanel 主界面,射发 ON_GAME_INIT 事件。

(5) fight.scene 场景下的 gameManager 监听到事件,触发回调,加载"loading 界面"。

(6) "loading 界面"的 show 函数调用播放进入动画的函数,动画播放结束后调用结束动画的函数。

(7) 动画结束后关闭"loading 界面",加载"战斗界面"。

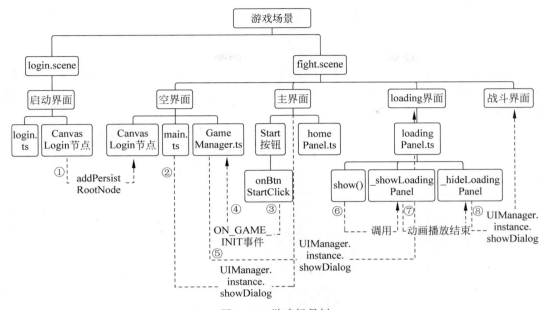

图 2.26　游戏场景树

2.4.1　创建游戏项目

打开 Cocos Dashboard,单击 Project(项目)选项卡,通过单击 New(新建)按钮打开项目创建面板,选择 Empty(3D)模板,将项目名称修改为 Ghost Ancher,然后单击 Create(创建)按钮,如图 2.27 所示。

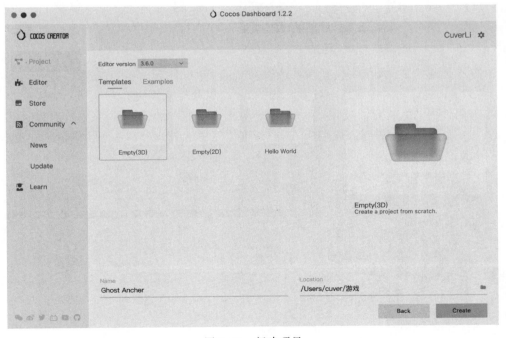

图 2.27　新建项目

为了更好地管理游戏项目中的资源文件,我们需要预先做好目录结构的规划,利用规划好的文件夹分类存储项目资源。我们在 Cocos Creator 的资源管理器中右击,在弹出的菜单中选择"创建"→"文件夹"选项,即可创建文件夹(见图 2.28)。

依次创建三个文件夹,分别命名为 scene、script、res。其中 scene 文件夹用于存放游戏场景,script 文件夹用于存放脚本,res 文件夹用于存放目前会用到的动画和图片资源。项目的目录结构如图 2.29 所示。

图 2.28 新建资源文件夹

图 2.29 项目目录

文件夹创建完成后,在编辑器顶部的菜单中选择"文件"→"保存场景",或使用快捷键 Ctrl+S/Command+S,将场景命名为 login. scene,保存至刚刚创建的 scene 文件夹内。接着将本节附件内的素材导入项目,可以通过计算机自带的文件管理器,将本节课程的资源文件拖入 res 文件夹。素材导入成功后,我们就可以在资源管理器中查看并使用导入的素材了(见图 2.30)。

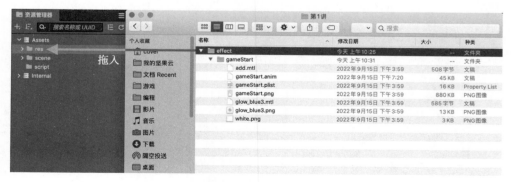

图 2.30 课程资源导入

我们所要搭建的启动场景中的资源为不涉及模型的图片资源,需要将其设为带有Canvas 组件的子节点才能进行渲染。我们直接在根节点 login 处右击,选择"创建"→"UI组件"→"Canvas(画布)",创建一个 Canvas 节点(包含 Canvas 组件的节点)。创建完成后就能在场景编辑器中看到白色的高亮边框,这就是画布的显示区域。我们可以通过单击场景编辑器左上角的 3D/2D 切换按钮更清晰地看到这片区域(见图 2.31)。

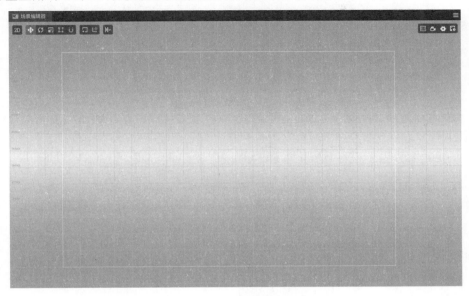

图 2.31　新建画布

2.4.2　启动界面搭建

接下来,我们将在场景中搭建如图 2.32 所示的层级结构。首先在 Canvas Login 下新建一个空节点 gameStart,用于管理 2.4 节中介绍的"启动界面"动画。后续场景资源均作为 gameStart 节点的子节点添加。

图 2.32　启动界面层级

在 Cocos Creator 中,如果要显示一张图片,需要向场景中添加一个带有 Sprite 组件的节点,并将想要使用的图片资源绑定到 Sprite 组件上。同时如上文所述,该节点需要作为包含 Canvas 组件的节点(我们已经创建的 Canvas 节点)的子节点。选中 gameStart 节点并右击,选择"创建"→"2D 对象"→"Sprite(精灵)",将其命名为 black(见图 2.33)。

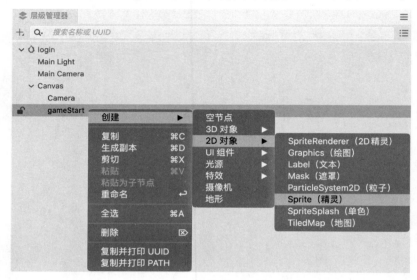

图 2.33　创建 Sprite

按照图 2.34 的层级管理器中的节点结构,将对应的图片从资源管理器中的 gameStart. plist 文件拖入场景,并根据最终要呈现的效果图使用移动工具将其分别移动至合适的位置(见图 2.35)。

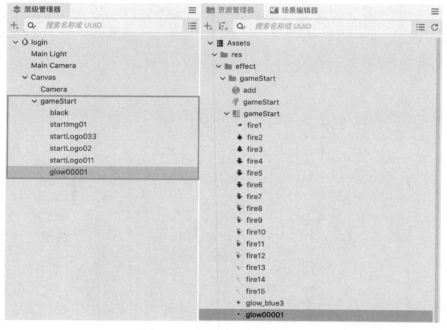

图 2.34　向场景添加图片素材

图 2.35　启动界面初步搭建

2.4.3　场景导入

幽灵射手这个项目只使用两个游戏场景，即 login. scene（登录场景）和作为主场景的 fight. scene（战斗场景）。当 login. scene 内的启动界面完成后，游戏内的所有其他功能和界面都在战斗场景这一主场景中进行调用和加载。战斗场景搭建与登录场景搭建用到的方法较为相近，为减少重复工作，我们直接将战斗场景及其依赖资源作为本讲的附件导入，对同名的 res、scene、script 文件夹进行合并，用同名的. meta 文件进行替换。

以上操作完成后，资源管理器的层级如图 2.36 所示。若资源管理器中缺少相应的资源显示，可以重启项目解决。之后，双击打开 scene 文件夹下的 fight. scene，并将显示方式从 2D 切换回 3D，即可看到我们的"主舞台"。在层级管理器中单击各个节点，在属性管理器中查看其属性。你会发现各节点所需资源和组件的关联得到了保留，这便是. meta 文件的作用，也是不能随意丢弃. meta 文件的原因。

在资源管理器中，单击选中之前创建的 script 文件夹，右击，选择"创建"→"脚本（TypeScript）"→New

图 2.36　资源管理器的层级

Component，将脚本名称修改为 login。双击资源管理器下的 login 脚本，我们接着在 VS Code 中对其进行修改。

我们在 start 函数内添加一行用于实现场景切换的脚本：director. loadScene("fight"); ，同时在代码顶部的 import 部分导入其依赖库，即修改 import { _decorator, Component, Node，director } from 'cc'; ，也可以通过编译器自带的快速修复功能添加。这样，从登录场景切换到战斗场景的脚本就准备好了。

为了让脚本运行，需要将脚本视为组件绑定在场景节点中。换言之，我们之前使用的所有组件就是 Cocos Creator 封装好的一系列脚本。编辑器提供了两种方式为节点添加脚本：

图 2.37　演示后场景切换

一种是拖动式添加；另一种是和其他组件一样，在属性检查器中单击"添加组件"按钮添加。我们将 login. ts 脚本添加到登录场景内的 Canvas 节点上，保存场景。此时单击编辑器顶部的"预览"按钮，在编辑器内预览，可以在层级管理器内看到当前场景由 login. scene 切换为 fight. scene(见图 2.37)。

2.4.4　创建主界面脚本

虽然在 2.4.3 节中，我们已经完成了场景和界面切换的脚本，但此时通过演示 login 进入游戏启动流程，依然无法正常从启动界面切换到 homePanel 主界面，这是因为我们没有为 homePanel 主界面实现相应的脚本。

通过按住 Command/Ctrl 单击 UIManager. instance. showDialog 查看其在框架内的定义，可以看到下方代码的内容要求，相应的 homePanel 脚本挂在了被加载的 homePanel 节点上，并且该脚本具备 show() 这一函数才能实现，否则会提示"查找不到脚本文件"，也无法继续执行 CanvasLogin 的销毁。

```
1.  if (script && script.show) {
2.      script.show.apply(script, args);
3.      cb && cb(script);
4.  } else if (script2 && script2.show){
5.      script2.show.apply(script2, args);
6.      cb && cb(script2);
7.  } else {
8.      throw `查找不到脚本文件 ${scriptName}`;
9.  }
```

在 script/ui 文件夹下新建 home 文件夹，选中后右击，选择"创建"→"脚本(TypeScript)"→New Component，将脚本名称修改为 homePanel。双击打开该脚本，为其声明 show() 这一回调函数。然后，在 resources 文件夹下找到并双击之前保存的 homePanel 预制体，为 homePanel 节点添加刚刚修改的 homePanel 脚本，并按下 Ctrl＋S/Command＋S 保存。预制体的更改会被直接应用到所有由预制体复制而来的节点中。这时再次从 login. scene 场景开始演示，就可以正常完成从启动界面到主界面的跳转了。

接下来实现单击主界面按钮时的功能。首先，需要为其导入代码框架，以便调用代码框架内的功能。接着，实现主界面按钮的函数，最终将 homePanel. ts 脚本修改为：

```
1.  import { _decorator, Component, Node } from 'cc';
2.  const { ccclass, property } = _decorator;
3.
4.  import { UIManager } from './../../framework/uiManager';
5.  import { PlayerData } from './../../framework/playerData';
6.  import { ClientEvent } from '../../framework/clientEvent';
7.  import { Constant } from '../../framework/constant';
8.  import { AudioManager } from '../../framework/audioManager';
9.
10. @ccclass('homePanel')
11. export class homePanel extends Component {
12.    start() {
13.    }
```

```
14.
15.    show () {
16.    }
17.
18.    onBtnStartClick () {
19.        UIManager.instance.hideDialog("home/homePanel");
20.    }
21.
22.    onBtnSettingClick () {
23.    }
24. }
```

其中,onBtnStartClick()函数是按下主场景 Start 按钮时将要被调用的函数,和前面的 show()函数一样,这一类在某种事件触发时会被调用的函数称为回调函数。该函数的功能是通过代码框架内的 UIManager 隐藏 homePanel 主界面。另一个 onBtnSettingClick 定义了按下 Setting 按钮时的功能,由于我们还未搭建相应的 Setting 界面,因此先不定义这一函数的功能。

再次在层级管理器中打开 homePanel 预制体,选择 btnStart 节点。在属性查看器中查看其 cc.Button 组件(见图 2.38)。

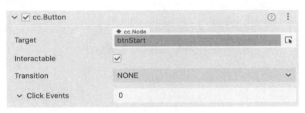

图 2.38　btnStart 节点的 Button 组件

Button 组件的基础属性如表 2.1 所示。

表 2.1　Button 组件的基础属性

属　　性	描　　述
Target	Node 类型,当 Button 发生 Transition 时,会相应地修改 Target 节点的 SpriteFrame、颜色或 Scale
Interactable	布尔类型,设为 false 时,Button 组件进入禁用状态
Transition	枚举类型,取值为 NONE、COLOR、SPRITE 或 SCALE。每种类型对应不同的 Transition 设置。详情见下方的 Button Transition 部分
Click Event	列表类型,默认为空。用户添加的每一个事件由节点引用、组件名称和一个响应函数组成。详情见下方的 Button 单击事件部分

将 ClickEvents 的值修改为 1 后,可以在其展开项中看到如表 2.2 所示的属性。

表 2.2　Button 组件的 Click 属性

属　　性	描　　述
Target	带有脚本组件的节点
Component	脚本组件名称
Handler	指定一个回调函数,当用户单击 Button 并释放时会触发此函数
CustomEventData	用户指定任意的字符串作为事件回调的最后一个参数传入

接着将 Transition 属性修改为 SCALE,同时为 ClickEvents 属性中的 cc. Node 绑定 homePanel 节点,在 Component 下拉列表中选择 homePanel 组件,最后在 Handler 下拉列表中选择 onBtnStartClick 函数。至此,Start 按钮的功能就设置好了(见图 2.39)。按照同样的方法为 btnSettings 节点的 Button 组件绑定 onBtnSettingClick 函数(尽管并没有为其实现功能)。此时我们再从 login. scene 场景开始演示,最后在主界面中单击 Start 按钮,就可以成功关闭主界面,看到空白的 fight. scene 场景。

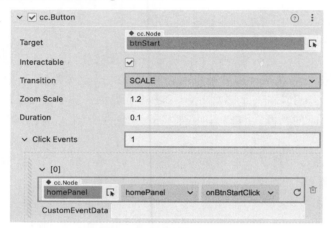

图 2.39 为 Start 按钮绑定函数

观看视频

2.5 小结

本章首先介绍了人的视觉机制,帮助读者了解大脑对画面的采集、成像和理解的神经回路,之后进一步介绍 VR 的主流成像技术及分类,以及在生成图像反馈的过程中涉及的关键渲染技术。

在实践部分,我们完成了 homePanel 主界面的构建,了解了固定代码框架配合动态加载的资源这一常见的项目搭建方式,通过脚本实现了场景与场景间的切换和预制体界面资源的加载和关闭。最后,我们学习了如何利用 cc. Button 为界面中的按钮添加功能。

习题

1. 光学透视和视频透视各自的优缺点是什么?
2. 为什么瞳孔间距会对成像有关键性的影响? 阐明具体的影响机制。
3. 调研实时渲染的技术,并分析实现实时渲染一般采用什么思路。
4. 调研如何快速估计光照方向和强度。
5. 基于 Open Scene Graph 项目,建立一个大规模场景进行快速渲染。

3D 建模技术

3.1 物体建模技术

虚拟世界通常由 3D 场景构成,需要运用 3D 建模技术对虚拟环境和角色进行建模。3D 建模是对现实中的对象或场景进行仿真的过程,对 3D 物体建模是构建整个虚拟世界的基础。

3.1.1 几何建模

几何建模是对物体几何信息的数字化表示。几何信息是指物体在欧式空间中的形状、大小和位置,其中最基本的几何元素是点、线、面。物体的几何建模是在虚拟环境中对物体的形状和外观进行建模,物体形状可由多边形、NURBS 曲线、边和顶点等确定,外观则由纹理、光照等确定。

1. 形状建模

形状建模通常采用如下方式实现。

1) 人工建模方法

基于人工的建模方法需要用户使用相关 3D 建模软件创建物体的 3D 模型,如有需要,还要具有一定的编程能力,故此对用户的要求较高。根据用户所需掌握的技能,可分为以下两类:

(1) 利用交互式建模软件进行物体建模,如 AutoCAD、Autodesk 3ds Max、Maya 等。用户可以在这些软件的可视化界面中进行交互式建模。这类方法提供便利的交互界面,能够快速对复杂物体建模。

(2) 利用现有的 3D 图形库通过编程的方式进行物体建模,如 OpenGL、Java 3D、VRML、DIRECT3D 等。这类方法可以从点、线、面对物体进行建模,特点是编程容易、效率较高、实时性较好,缺点是对复杂几何外形的物体建模能力不足。

2) 自动建模方法

当前自动化建模方法很多,最为常用的是利用 3D 扫描仪建模和基于图像的 3D 建模。

3D 扫描仪是人们专门为自动化建模发明的设备,它通过收集现实世界中物体的形状等信息对物体进行 3D 重建,完成该物体在虚拟世界中的数字化。3D 扫描仪可以分为两类:接触式和非接触式。接触式扫描仪需要与被扫描物体直接接触。该类扫描仪出现时间较早,虽精度较高,但体积巨大、造价高,如图 3.1(a)所示。非接触式 3D 扫描仪,顾名思义,指不需要直接接触物体的 3D 描仪,通过激光、结构光等来收集被扫描物体的表面信息,如图 3.1(b)所示。

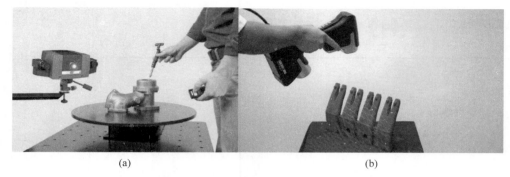

(a)   (b)

图 3.1　接触式 3D 扫描仪和手持式非接触式 3D 扫描仪

3D 扫描仪以其高精度的优势得到广泛应用,但由于扫描设备空间容易受到场地限制,其传感器容易受到噪声干扰等因素,所以其使用范围受到一定限制。

基于图像的 3D 建模技术,是计算机图形学、计算机视觉和机器学习领域专家长期研究的一种 3D 建模方法。尤其是自 2012 年以来,得益于深度学习技术的发展,利用卷积神经网络进行基于图像的 3D 建模引起了广泛的关注,并取得了瞩目的成绩。基于图像的 3D 建模方法是从一幅或多幅二维图像中推断出物体的 3D 几何结构。与 3D 扫描仪相比,它只需使用普通的相机拍摄物体的单视角或多视角的照片,经过基于深度学习的 3D 重建网络,可以获取物体精准的 3D 模型,如图 3.2 所示。

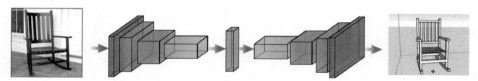

图 3.2　基于图像的 3D 物体建模示例

2. 外观建模

在 VR 场景中,为保证虚拟物体的真实感,除了精准的形状模型外,还需要处理物体模型的外观形态。虚拟物体外表的真实感主要取决于表面纹理、透明度反射、折射等特征。在 VR 系统中,纹理映射技术被广泛应用在外观建模中。纹理映射(Texture Mapping),又称纹理贴图,是将真实世界中物体的纹理映射到虚拟世界 3D 物体的表面的过程。如图 3.3 所示,通过将植物纹理映射到 3D 植物模型上,可以实现外观颜色丰富的虚拟物体。

图 3.3　纹理映射

3.1.2 物理建模

　　VR系统需要给用户沉浸式的逼真体验，在虚拟环境中，除了构建物体逼真的表面，还需要考虑物体的物理特性，如物体的质量、惯性、材质、硬度等。例如，用户在虚拟环境中观察到逼真的物体是几何建模的体现，而通过接触物体，能够感受其重量、软硬程度，这就是物理建模的体现。构建一个逼真的VR系统，需要将这些物理特性与几何建模相融合，这涉及计算机图形学和物理学领域知识。下面介绍两种典型的物理建模方法：分形技术和粒子系统。

1. 分形技术

　　分形技术可以用来描述具有自相似特征的物体，该类物体可以分成数个部分，且每一部分都（或者至少近似地）是整体缩小后的形状。自然界中，存在许多有着自相似特征的物体，整体复杂，而组成它们的部分近似于整体的缩小版，在各个尺度下都显得相似，如云、山脉、闪电、海岸线、雪片、植物根、多种蔬菜（如花椰菜和西蓝花），以及动物毛皮的图案等。如图3.4(a)所示为具有螺旋纹路的西蓝花。在VR世界中，分形技术可以用来建模分形物体，通过无限递归生成复杂的不规则分形物体的建模。然而由于计算量太大，分形技术在VR中一般用于静态远景的建模。

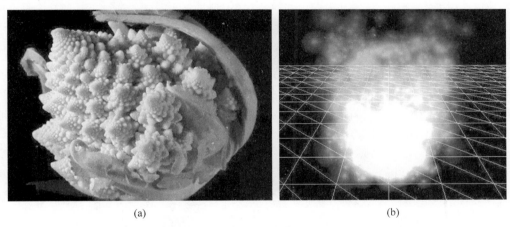

(a) (b)

图3.4 螺旋纹路的西蓝花和利用粒子系统建模的火焰

2. 粒子系统

　　粒子系统是一种典型的物理建模系统，由大量的粒子构成，用来表示或模拟某些复杂的现象或场景。这些粒子具有质量、位置、速度、颜色、寿命等属性，粒子系统初始化时会随机生成一些状态，之后根据模拟对象遵循的物理规律，计算更新粒子的状态，当一些粒子完成生命周期，便销毁这些粒子。在虚拟世界中，通常用粒子系统描述火焰、水流、雨雪、旋风、喷泉等现象。利用粒子系统建模火焰的效果如图3.4(b)所示。

3.2 场景建模方法

3.2.1 场景建模方法简介

　　场景建模旨在通过获取到的场景3D空间信息，结合计算机技术及数字化建模技术，最

观看视频

终构建用于 VR 交互的场景,或为 VR 应用提供场景的数字化感知。场景建模主要面向 3D 应用环境,技术关键点在于面向 3D 空间信息的数字化和模型化技术。

场景建模技术的难点和关键在于,处于复杂环境下,针对环境中物体的空间几何属性、表面纹理属性、物体运动数据、非刚体形变数据等关键信息,如何获取并进行具备真实感的数字化模拟。在具体的应用上,各项属性的获取技术和数字化模拟技术往往与应用的需求场景密切结合,并随着硬件技术的进步而发展。而在这些技术中,物体空间几何位置关系的获取技术是最为核心的,而基于测量方式的不同,可以分为广泛使用的光学测量技术和更贴合专业应用的非光学测量技术。

随着技术的进步,光学测量技术已经广泛运用于 VR 应用等涉及场景和物体建模以及环境数字化理解的应用中,并可以根据光学信息的获取方式,进一步划分为主动光学扫描技术和被动多视角立体视觉技术。而对于作为辅助的非光学测量技术,则主要是通过电磁波、超声波等非光学介质,并使用相应的传感器等空间信息获取设备获得场景物体的空间位置关系。在应用中,非光学测量技术常与光学视觉纹理等多模态信息进一步结合,构建具有真实感的虚拟场景,例如在医学、自动驾驶等更为专业化的应用领域,一般会采用如 MRI、CT 等医学影像信息或 GPS 定位技术获得的地理坐标信息,实现对于空间位置信息更为精确的感知。

3.2.2　主动光学扫描技术

光学扫描是最为直接且精度较高的场景空间几何属性获取技术,部分光学扫描技术的精度已经能够小于 2mm,其中激光扫描技术和结构光技术较为成熟。在应用中不同精度和测量范围的激光扫描设备常与摄像机结合,实现空间关系和色彩纹理的进一步组合。而主动光学扫描技术的缺点在于容易受到物体表面反光的影响(见图 3.5)。

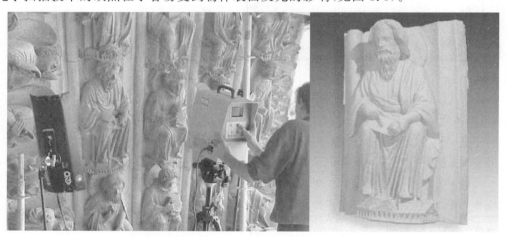

图 3.5　激光扫描仪对雕塑进行非接触性建模

主动光采集原理是基于飞行时间测距法(Time of flight,ToF),依靠主动光源设备将光线照射到采集对象上,进而根据相应反射光线的传播时间计算出主动光源与目标物体的距离,并以此获得场景内物体的空间位置信息。随着技术的进步,基于飞行时间的测量技术已被广泛应用于 VR 应用中的场景感知和建模应用中(见图 3.6)。

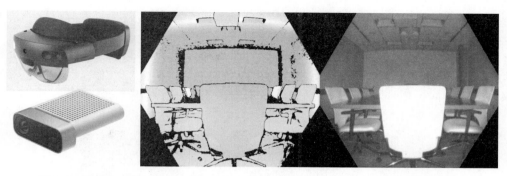

图 3.6　HoloLens2 与 Azure Kinect DK 使用 ToF 传感器进行会议室场景深度感知

结构光编码测量技术主要涉及对于光场在空间和时间上的调制,根据编码方式的差异可分为时域编码和空域编码,前者主要对光场的时间和频率进行调制,后者则主要对光场的振幅、相位和偏振进行调制,最终获得具有特定结构的特殊光线。结构光测量技术主要通过将特定的结构光信息投射到场景物体表面,之后通过摄像头采集获得相应结构光信号的位置变化和畸变,最后基于光学三角测量法获得物体的空间位置信息和表面结构信息。

3.2.3　被动多视角立体视觉方法

被动多视角立体视觉方法主要通过被动获取的多视角图像来构建空间位置关系。其中最为常用的是立体视差法,根据三角测量原理,利用不同视角图像内对应点的视差可以计算视野范围内测量点的 3D 位置信息(见图 3.7)。计算流程利用多个视角投影面信息和空间位置信息,利用采样点在各个视角投影内的坐标信息构建视线,最后通过计算视线的交点获得相应采样点的空间位置信息。立体视差法的优点在于能够同时获取空间位置信息和颜色纹理信息,但是对于弱纹理或重复复杂问题场景则容易配对困难。

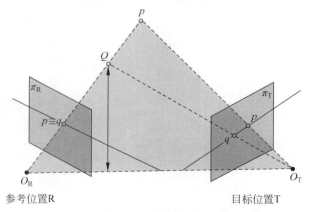

图 3.7　双视角立体视觉

3.2.4　其他场景测量方法

在具体应用中除了基于光学的场景测量和空间感知技术之外,通常结合专业测量技术为 VR 中的场景感知应用提供更为丰富且可靠的空间信息和纹理信息。例如在医学手术和自动驾驶场景中,场景空间的建模和数字化理解不仅使用光学信息,而且一般需要结合用特定的专业设备(例如电磁导航设备、GPS 等)获取的空间信息。

在医学手术场景下,纯粹的术中视频并不能很好地反映病人体内的情况,而临床中则会使用如 CT、MRI、超声等医学造影数据来获得病灶的内部结构信息。通过将医学造影获得的关键组织空间信息与术中视频结合,构建基于 AR 技术的手术导航系统,能够有效地辅助医生进行手术操作,目前已经在部分手术场景上进行了临床实践(见图 3.8)。

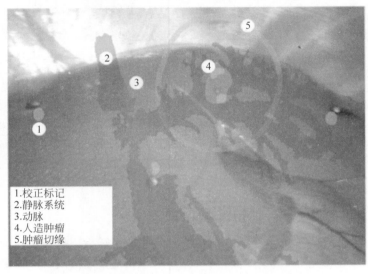

图 3.8　使用医学造影数据构建的 AR 手术导航系统

在自动驾驶场景中,除了多视角的摄像系统和激光雷达系统这些光学测量仪器之外,也会结合 GPS 信息来获取车辆自身的地理空间位置和运动信息,系统化地构建车辆周围的车辆、人员等位置信息,实现对于驾驶场景更为精确的数字化感知和建模,以支持自动驾驶算法的计算精度需求(见图 3.9)。

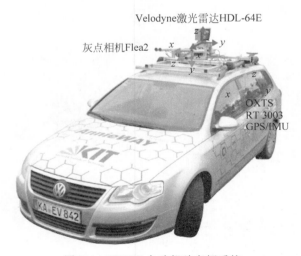

图 3.9　KITTI 自动驾驶车辆系统

3.2.5　多模态信息融合应用

在 VR 场景建模应用中,空间信息的获取会涉及不同模态的数据,而将不同模态的空间信息进行有机融合,能够实现许多贴近生活和自然场景的建模应用。例如智能手机上的房间建模应用,可以通过将摄像头视觉信息、陀螺仪空间位置信息、激光测距信息相结合,实现对于房间的高效建模和全景可视化,还可以结合构建的家具模型,实现对房屋装饰布局的模拟(见图 3.10)。

而在地图应用方面,也常将高精度 GPS 信息、多视角影像信息、空间遥感信息等结合,实现对于广场、大型建筑物的虚拟化建模,甚至使用更大规模的设备实现街道、城市、地形地貌的真实感建模,为用户提供传统二维地图之外的 3D 可视化场景(见图 3.11)。

图 3.10　3D Scanner 应用获得的房间建模

图 3.11　建筑物倾斜摄影建模

3.3　角色建模方法

观看视频

3.3.1　角色建模简介

VR 技术结合了人工智能、人机交互和计算机等相关技术。随着不断更新和飞速发展,VR 技术被广泛应用于工业、军事、医药、娱乐等诸多领域。其中游戏、电影以及广告创作领域,几乎离不开角色建模技术。在计算机技术发展、VR 技术支撑和影视娱乐行业需求增长的背景下,角色建模技术受到领域内越来越多的关注。

"角色"一词的涵盖范围十分宽广,通常是人、动物、机器人或神话生物。如在游戏中,角色可以是主角(如游戏玩家可控制的角色),也可以是次要角色(如与游戏玩家互动的角色),甚至可以单独存在于游戏外围。角色建模是将概念转变为 3D 模型的多阶段处理过程,第一步是构建模型的基础网格,通常从一个立方体开始,然后添加和减少多边形来创建所需的形状。一旦基础网格完成,就可以开始添加细节,如皱纹、疤痕、文身等。模型完成以后,就可以对它进行纹理处理,给模型添加颜色和阴影以使它看起来更逼真。3D 艺术家通常使用各种软件和工具来创建角色模型。

3.3.2　角色建模技术

当前角色建模主要利用 4 种技术来创建 3D 角色,即多边形建模、非均匀有理 B 样条建模、3D 雕刻建模和 3D 扫描建模。

1. 多边形建模

多边形建模也称 Polygon 建模,是指用多边形来表示物体的 3D 表面建模方式。多边形由基于顶点、边和面的几何体组成。其中顶点(Vertex)即指线段的端点,是构成多边形的最基本元素。边(Edge)指示一条连接两个多边形顶点的直线段。面(Face)就是由多边形的边所围成的一个面。法线(Normal)表示面的方向,法线朝外的是正面,反之是背面。顶点也有法线,均匀和打散顶点法线可以控制多边形的外观平滑度。

多边形建模快速可编辑的特点非常适合对精确性要求不是很高的物体进行建模,广泛用于视觉表现、影视,以及交互式视频游戏中的角色内容开发。利用多边形进行角色建模时,首先使一个对象转化为可编辑的多边形对象,然后通过对该多边形对象的各种子对象进行编辑和修改来实现建模过程。多边形建模可以进行复杂和简单的 3D 角色设计,并允许对形状进行控制。然而,多边形模型的一个缺点是它们可能需要大量的多边形来准确地表示物体的几何信息,甚至是简单的形状。

2. 非均匀有理 B 样条建模

非均匀有理 B 样条(Non-Uniform Rational B-Splines)缩写为 NURBS,也称为非均匀有理 B 样条曲线,由肯·弗斯普瑞尔(Ken Versprille)提出。具体解释如下。

(1) Non-Uniform(非均匀性):指一个控制顶点的影响力范围能够改变。

(2) Rational(有理):是指每个 NURBS 物体都可以用有理多项式来定义。

(3) B-Spline(B 样条):是指用路线构建一条曲线,在一个或更多的点之间以内插值来替换。

NURBS 是计算机图形学中常用的数学模型,用于产生和表示曲线及曲面。它为处理解析函数和模型形状提供了极大的灵活性和精确性。NURBS 建模的基础是一系列连通的控制点,这些控制点可以看作曲线或曲面的控制点。通过移动这些控制点,可以改变曲线或曲面的形状。NURBS 适合创建光滑的物体,能有效地控制物体表面的曲线度,从而创建出逼真、生动的角色模型。但是在这种由数学公式设置的模型中,个别部分很难编辑,无法在不破坏整个模型完整性的情况下完成(见图 3.12)。

图 3.12　基于 NURBS 的角色建模

3. 3D 雕刻建模

3D 雕刻也称数字雕刻,是通过专业软件如 ZBrush 或 Maya 中的"捏拉"方法创建 3D 模型的过程,被艺术家广泛用于游戏和动画电影中,适合创建形状自然且线条圆润的超现实角色内容。

3D 雕刻过程和用黏土或石头等真实材料进行雕刻非常相似,建模过程中首先使用类似刷子的雕刻工具处理多边形网格,推、拉、扭转各个几何部分,增加额外的几何部分来模仿自然结构(见图 3.13)。与多边形建模相比,数字雕塑需要更多的艺术技巧,而且需要格外仔细,也更耗时。所以在多数情况下,这些方法会同时使用:首先对物体进行建模,然后发送给 3D 雕塑家进行细节处理,完成最终造型。3D 雕刻容许对最终产品有很大的控制权,艺术家可以对雕塑进行小的修改,而不必从头开始,从而节省大量的时间和精力。

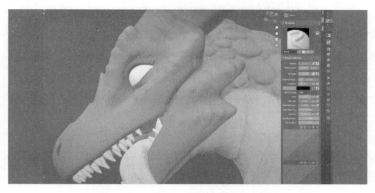

图 3.13　基于 3D 雕刻的角色建模

4. 3D 扫描建模

3D 扫描建模技术通过记录真人面部表情数据并进行编码采集,再应用到 CG 角色中,为角色注入活力。3D 扫描建模技术不仅提供了高度的准确性和精确度,还提供了高度的灵活性。例如,当需要在创建模型之后对其进行更改,可以简单地重新扫描对象并进行必要的更改。

3D 扫描采用的技术不同,扫描过程也有所不同。常见产品类型包括结构光 3D 扫描仪、激光三角测量扫描仪、时差测距激光扫描仪等。现在的一些智能手机和平板电脑也可以作为扫描仪使用,这要归功于这些移动设备内置或附加的传感器。但无论使用何种技术,3D 扫描仪的最终效果都是一样的,即生成真实物体的 3D 模型,从而可用于多种场景,比如CAD、逆向工程、质量检测、遗产保护、CGI 等(见图 3.14)。

图 3.14　基于 3D 扫描的角色建模

3.3.3　角色建模软件

角色建模时根据需求选择合适的 3D 建模软件是非常重要的。目前市面上常用的 3D 角色建模软件有 Maya、3ds Max、ZBrush 和 Blender 等。

1. Maya

Maya 是世界顶级的 3D 动画软件,被视为 CG 的行业标准,拥有一系列齐全的工具和功能,擅长建模、纹理、灯光和渲染。它具有极其庞大的功能,包括粒子系统、头发、实体物理、布料、流体模型和角色动画。它功能完善,工作灵活,易学易用,制作效率极高,渲染真实感强。

2. 3ds Max

3ds Max 是一款基于 PC 系统的 3D 动画渲染和制作软件,它强大的功能和灵活性是实现创造力的最佳选择。它拥有非常强大的 3D 建模工具,如流体模拟和毛发,以及角色操纵和动画。与 Maya 一样,它能使用直接操作和程序两套建模技术。

3. ZBrush

ZBrush 是一款专业数字雕刻、绘画软件,多被用在次世代美术的设计中。它以强大的功能和直观的工作流程彻底改变了整个 3D 行业。可以说,它的出现为 CG 艺术家提供了世界上最先进的 3D 工具。

4. Blender

Blender 是一款免费开源的 3D 图形图像软件,提供了从建模、动画、材质、渲染,到音频处理、视频剪辑等一系列制作动画短片所需的解决方案。Blender 拥有多种用户界面,方便多种工作场景,而且内置绿屏抠像、摄像机反向跟踪、遮罩处理、后期节点合成等高级影视解决方案。

3.3.4　角色建模流程

简而言之,角色建模就是 3D 艺术家根据角色设计师设计的角色原画,通过 3D 软件制作出原画的 3D 角色模型。具体而言,首先根据原画建立初始模型,再将模型进行高精度模型(高模)的雕刻和细节的优化。高模细节多,面片数多,对系统设备性能和引擎算法要求高,从而产生低精度模型(拓扑低模)的概念。低模完全符合各项要求和布线规则,而高模的作用就是通过 UV、烘焙和贴图把高模的细节投射到低模上达到更加极致的视觉效果。最后再对角色模型进行骨骼绑定和蒙皮操作,实现角色模型的操控,生成动画。

角色建模流程具体包含以下 5 个阶段。

第一阶段:角色模型设计

好的角色造型不仅要有视觉上的美感,还需要生动有趣,富有性格特征。因此在设计角色造型时,要将角色的性格特征通过外部造型表现出来。为了设计角色概念,美术师需要寻找概念创作、角色灵感、研究角色起草的来源。通常情况下,他们会先制作一个情绪板,然后画出角色模型的草图,包括主要的身体、面部特征和角色的轮廓。可以从简单的 2D 绘图开始,也可以在 3D 建模软件中绘制草图,包括轮廓和所有主要特征。完成轮廓后,将角色模型的几何图形放置在 X、Y 和 Z 平面上,获取角色模型正面图、侧面图/剖面图、背面图和俯视图(见图 3.15)。

第二阶段:角色建模

角色概念设计完成后,实际的建模过程就开始了,这是角色建模最关键的一环,主要包括网格模型、3D 雕刻和重拓扑,分别对应角色的中模、高模和低模表示。

1)网格模型(角色中模)

建模的第一步是创建角色的基本 3D 网格。艺术家们可以用任何 3D 角色建模软件来完成,如 Maya、Blender 或 MakeHuman。创建一个基本的网格并不困难,但需要一些关于如何使用所选软件程序的知识。可以使用立方体、圆柱体或任何其他类型的基本几何对象创建角色模型的整体外形(见图 3.16)。

图 3.15　角色概念设计

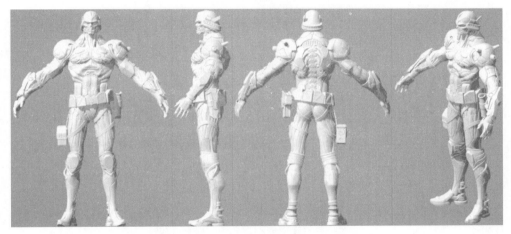

图 3.16　角色建模

2）3D 雕刻（角色高模）

在 3D 雕刻阶段，艺术家将基础模型输入到 3D 雕刻软件，如 ZBrush 中，利用类似刷子的工具操纵角色模型的多边形网格，逐步刻画出模型的细节，如头发、皮肤、皱纹等。通过雕刻，设计师可以在主体的纹理上达到令人难以置信的细节水平。由于网格很复杂，因此雕刻后需要重新拓扑，然后在后续程序中被使用（见图 3.17）。

3）重拓扑（角色低模）

重拓扑是在雕刻的模型基础上重新建模。由于雕刻的面数太高，很难应用在游戏与影视中，根据雕刻的模型细节然后重新建模即为重拓扑。拓扑低模有利于快速调整角色模型网格，实现更好的编辑。以游戏为例，越高的面数就会更加消耗计算机的硬件资源，也就是运行速度越慢。要保障游戏能够流畅地运行，同时保持丰富的细节，重拓扑显得尤为重要（见图 3.18）。

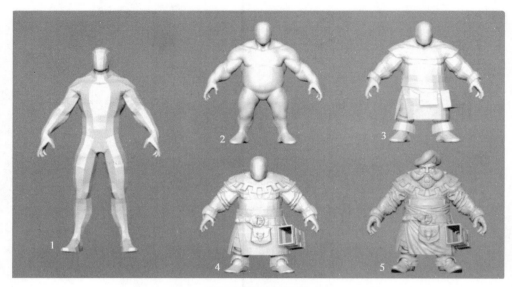

图 3.17　角色雕刻

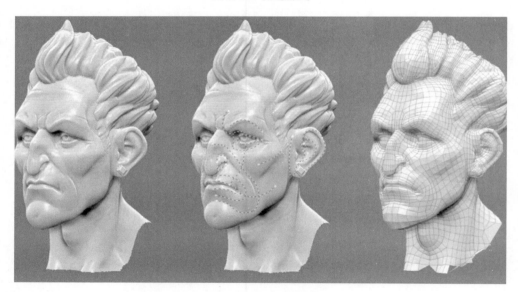

图 3.18　角色重拓扑

第三阶段：角色纹理

创造一个可信的角色需要赋予其真实的纹理。有许多不同的方法来生成角色的纹理，如使用照片，手绘纹理，甚至扫描纹理。纹理确定以后，需要将纹理映射到角色上，该过程包含 UV 展开、烘焙和纹理贴图三个步骤。

1) UV 展开

低模制作完成后，还需要对模型拆分 UV 贴图，UV 贴图通常是指贴图对应模型的坐标。当我们将 3D 的模型拆开变成 2D 平面时，每个平面对应 3D 模型的具体位置都是通过 UV 进行计算的，UV 能够使贴图精准地对应到模型表面。一般来说，最合理的 UV 分布取决于纹理类型、模型构造、模型在画面中的比例、渲染尺寸等因素，但有一些基本的原则要注意：UV 应展开并放置在 UV 格子里,不能有拉扯和重叠的 UV,同时注意 UV 块的大小比例尽量符合模型中的相应大小比例(见图 3.19)。

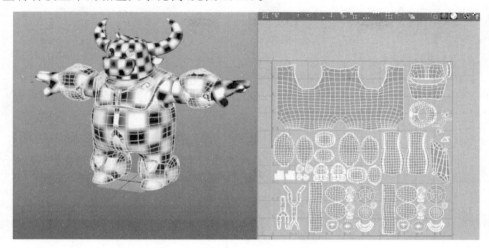

图 3.19　UV 展开

2) 烘焙

烘焙是将高模上的细节信息从 3D 网格保存到纹理文件位图的过程。烘焙过程一般涉及两个网格:高模多边形网格和低模多边形网格。高模多边形网格有许多多边形(通常可达数百万个),而低模多边形网格的多边形较少(通常有数千个)。烘焙纹理可以获得高模多边形网格的高水平细节信息和低模多边形网格的低模型成本。在烘焙过程中,高模多边形网格的信息被传递到低模多边形网格并保存到纹理中。

3) 纹理贴图

纹理贴图是构建 3D 模型的最重要步骤之一。在这个阶段,使用烘焙过程中生成的贴图,给角色模型表面的各个部分,如衣服上的褶皱、面部及身体上的皱纹、阴影、面部特征等,提供各自的材料物理属性,构建形象和逼真的角色模型。当然,在这个空间里还可以做很多其他的事情,如颜色、反射、粗糙度、排列细节、每种材料的镜面效果等。常见的烘焙贴图有法线贴图、OCC 或 AO 贴图、转换贴图、高光贴图、固色贴图等。将贴图赋予模型,可以得到一种很真实的效果。

第四阶段:角色绑定与蒙皮

通常,角色的运动是通过骨骼来带动的,而骨骼又是通过肌肉的收缩来控制的,即肌肉带动骨骼,骨骼再带动肢体运动。但艺术家不会直接去操纵骨骼,所以需要对骨骼添加控制器,相当于人体肌肉来带动骨骼运动。为 3D 角色模型创建一个虚拟骨骼的过程叫作角色绑定。由于骨骼与模型是相互独立的,为了让骨骼驱动模型产生合理的运动,通常把模型绑定到骨骼上的过程叫作蒙皮(skinning)。蒙皮可以将骨骼控制模型的形态节点达到合理的绑定效果,保证模型能顺利且正确地动起来(见图 3.20)。

第五阶段:制作角色动画

动画是角色建模流程的最终步骤。动画化可以让角色模型的身体动起来,创造面部表情,唤起情感,让它尽可能接近真实。通常使用特殊的工具和技术(如运动捕捉)来创建所有动作,并操控角色不同的身体部位。

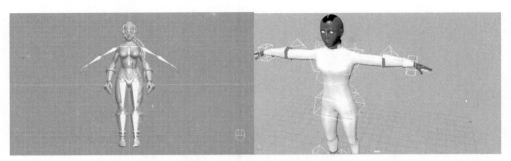

图 3.20　角色绑定(左)和蒙皮(右)

3.4　大规模城市建模方法

3.4.1　智慧城市简介

随着经济水平的提升和信息科技的发展,智慧城市建设应运而生。智慧城市的概念起源于传媒领域,是指在城市规划、设计、建设、管理与运营等领域中,通过物联网、云计算、大数据、空间地理信息集成等智能计算技术的应用,使得城市管理、教育、医疗、房地产、交通运输、公用事业和公众安全等城市组成的关键基础设施组件和服务更互联、高效和智能,从而为市民提供更美好的生活和工作服务,为企业创造更有利的商业发展环境,为政府赋予更高效的运营与管理机制。

近年来,作为智慧城市主要内容之一,虚拟城市相关软硬件技术快速发展,以 VR、计算机图形学为基础的大规模城市 3D 场景可视化技术在多个行业领域内得到推广应用。例如,城市 3D 仿真与可视化系统可以辅助政府部门进行市政规划工作,从而节约设计成本,提高工作效率;对于公共安全、消防、医疗等机构,在虚拟城市中进行专业训练、应急指挥、预案推演,以及相关的地理信息服务系统构建;在生活方面,基于城市仿真与可视化技术的 2D 与 3D 地图、导航、模拟驾驶等技术的应用给民众生活增加了许多便利。同时,社交娱乐应用程序中也越来越多地使用虚拟城市 3D 场景来提高真实感和沉浸感,提供更好的用户体验。

3.4.2　大规模城市建模简介及研究现状

传统的城市场景可视化技术基于卫星遥感影像、区域色斑图等基础数据构建城市场景的数字化表示。一般表现为瓦片化的二维地图系统,如 Google Map、ArcInfo、Skyline 以及国内的 Super Map、天地图等。但由于其在数据模型方面只是城市场景的二维正射投影,用户获取的有效信息非常有限,所以目前城市场景的可视化研究和产业应用已逐步向 3D 方向转移。大规模城市 3D 场景可视化是以 GIS、3D 仿真技术为支撑,对城市空间环境进行建模与可视化表达,并进一步进行分析应用的过程。由于大面积、超高分辨率、可展示信息多样等特点,城市 3D 可视化场景更接近人们对城市环境客观的认知感受,具备更高的真实感、沉浸感。特别是近年来由于可视化技术的发展,城市 3D 场景可视化技术取得了巨大的进步,也涌现出了大量的研究与应用成果。

如图 3.21 所示为谷歌公司推出的 Google Earth 和微软公司推出的 Virtual Earth 系

统,它们都是集地形、影像、3D建筑等多种数据于一体的数字地球平台。这些平台都与地理信息、社交网络服务进行了紧密结合。此外,苹果公司的3D地图系统也提供了从手机、平板电脑到工作站的多终端城市3D导航服务访问。截至目前,美国已经实现了纽约、旧金山、西雅图、洛杉矶、迈阿密等数十个大中城市的3D可视化及相关应用系统的构建。

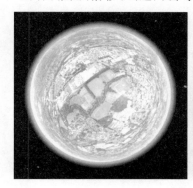

图3.21 Google Earth(左)与 Virtual Earth(右)

在我国,解放军信息工程大学在地理信息仿真领域进行了大量的研究工作。武汉大学测绘遥感信息工程国家重点实验室也对数字城市构建及其在地理信息系统中的应用进行了大量的工作。这些研究有利于促进城市地理信息资源的整合,提升城市地理信息资源的共享层次和共享效率,缩小目前地理本体的实际应用与理论研究之间存在的鸿沟。浙江大学CAD&CG国家重点实验室对虚拟城市的高真实感仿真技术还进行了一系列的深化探索,这些研究主要包括大规模复杂场景渲染、虚拟城市3D模型自动化生产与可视化关键技术等方面。清华大学计算机图形学与计算机辅助设计研究中心则重点针对基于工程图的城市3D模型重建方面进行研究。该研究立足于基于工程图的3D重建问题,分类总结了形体重建方法的研究成果,着重介绍了典型的重建算法。在比较典型算法的适用范围的基础上,剖析了目前形体重建研究所面临的问题。最后,指出了基于工程图的3D重建算法进一步的研究方向。北京大学地理信息系统研究所对数字城市和智慧城市建设过程中涉及的一些关键技术问题进行了分析与研究。该研究分析了数字城市的产生背景,提出了数字城市的研究体系:数字城市的基础研究、数字城市的实现技术,以及数字城市的工程研究,最后论述了数字城市实现的关键性技术。此外,北京航空航天大学VR技术与系统国家重点实验室研究并实现了可用于城市仿真的VR系统:BH_GRAPH。该系统是一个面向视景仿真类应用系统而开发,支持实时3D图形开发与运行的基础软件平台,能提供可扩展的软件体系结构、标准化的场景管理机制、高效率的场景处理方法和方便易用的应用程序接口,为3D图形应用系统的快速开发及高效运行提供完整的技术支持。该团队还在人机交互和沉浸式多通道立体显示方面进行了大量的创新。目前在中国,已经有一百多个城市建设了城市规划管理信息系统与空间地理基础信息系统。北京、上海、青岛、武汉、广州、深圳、宁波、长沙等城市已经率先开始了3D数字城市及相关的虚拟地理信息系统的示范应用并取得了一定的实用成果。

3.4.3 大规模城市 3D 模型的生成方法

在城市 3D 场景可视化技术中,建模是一项基本工作。传统的城市建模中,往往采用如

3ds Max、CAD 等传统建模软件。该方法建模速度慢,通常需要消耗大量的人力物力资源。因此,为加快建模效率,在建模时一般会借助其他如影像、数字高程模型(DEM)等数据。城市 3D 研究的未来方向应该是自动建模,激光雷达、倾斜摄影技术以及过程式建模等都是近年来的研究热点。

1. 激光雷达方法

激光雷达(LiDAR)是 20 世纪 90 年代在国外兴起的一种遥感主动观测技术,是以发射激光束探测目标的位置、速度等特征量的雷达系统。它具有自动化、生产效率高、精度高、不易受外界环境条件干扰等特点。随着 LiDAR 设备的发展,其价格也逐步降低。目前,在城市 3D 建模中应用广泛的就是无人机雷达系统,并可分为机载、车载和地面系统,如图 3.22 所示。

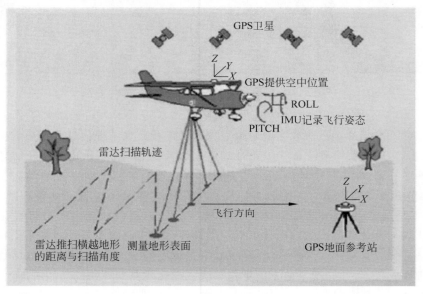

图 3.22　机载(上)与车载(下)激光雷达系统

　　机载 LiDAR 系统主要用来生成大范围的数字地面模型(DTM)和数字表面模型(DSM)。车载 LiDAR 可以用来获取道路与建筑物的侧面结构。地面 LiDAR 倾向于获取高精度的几何数据。利用 LiDAR 技术进行城市 3D 建模具有独特的优势,逐渐成为测绘领域的研究热点。骆钰波等针对亚热带环境条件下森林树高、胸径自动化提取精度较低、单木形态模拟较为困难的问题,提出基于地面激光雷达点云数据提取森林树高、胸径及重建森林场景 3D 模型的方法。为增加激光雷达对扫描点云进行分割的准确性,王张飞等提出一种基于深度投影的点云目标实时分割方法,可有效地识别并判断物体空间位置关系,提升碰撞识别的准确性。熊友谊等提出了基于线特征的半自动配准方法纠正图像,将鱼眼图像和 LiDAR 点云投影为透视成像的柱面全景图像,采用 Hough 变换提取图像直线特征,并利用修正迭代 Hough 变换方法,实现在鱼眼全景图像视点约束下与离散激光点云的 3D 对齐。试验表明,该方法能在较少的人工干预下实现 2D 到 3D 数据对齐。

2. 倾斜摄影技术

　　倾斜摄影技术是国际测绘领域近些年发展起来的一项高新技术。它颠覆了以往正射影像只能从垂直角度拍摄的局限,通过在同一飞行平台上搭载多台传感器,同时从一个垂直与四个倾斜共五个不同角度采集影像,将用户引入了符合人眼视觉的真实直观世界(见图3.23)。该技术将不同视角采集到的影像进行处理,从而生成精度高、视觉效果好的 3D 城市模型。整个处理过程全自动,不需要人工参与,效率有了很大提升。

图 3.23　倾斜摄影技术

　　近年来,倾斜摄影相关软硬件技术发展迅速,出现了如天宝的 AOS、徕卡的 RCD30 等知名的倾斜摄影相机系统。梁志滔等通过分析无人机倾斜摄影在城市 3D 建模的应用情况,找出了无人机倾斜摄影在 3D 城市建模过程和成果中的优缺点,探索总结了一套无人机倾斜摄影城市 3D 建模的改进方法,将倾斜摄影和 MAX 等技术有效结合进行城市 3D 建模。李鹏等通过融合 LiDAR 点云及倾斜摄影测量进行城市级 3D 建模的技术方法和生产路线,综合运用两种技术各自优势,对城市区域和重要地物构建高精度、精细化 3D 单体化模型进行技术探索。赵飞等以倾斜设计技术作为论述基础,建立 3D 模型并将 3ds Max 插件引入渲染模型,快速构建城市 3D 场景。利用共线方程确定影像和建筑之间的几何关系,将数据对象向高度的 MESH 对象进行相应的转换,实现重构几何体。按照纹理法则获取备选影像,将其裁切成适当面积矩形提取最小纹理信息,再以纹理映射和分配原理作为基础,将实体与模型的具体坐标建立起映射。该技术能够很好地应用于城市 3D 建模中,不但将建筑顶部细节全面地展示出来,而且能大幅提升建模效率。

3. 过程式建模

过程式建模是计算机图形学领域近十年来发展最迅速的 3D 场景构建和表示技术之一。使用该方法进行大规模的基于有限规则的 3D 城市场景建模时,无须烦琐的人工建模操作与交互,只需简单地重复套用规则语法,就能快速有效地生成大规模的 3D 模型。过程式建模基于城市场景中模型具有相似性的特点,采用形状语法描述模型的结构规则,进而重建复杂的模型,最终实现大范围场景的自动构建生成。当建模数量达到一定级别时,基于规则的过程式建模可以有效地提高效率并降低成本。过程式建模的实现相对简单,只需通过对参数进行调整,就可以构建一些复杂的模型对象,并且也是用于场景 3D 模型提取、特征描述、联系分析的一种有效理论和技术方法。在近期的研究过程中,大量的过程式建模研究都集中在传统的领域,如植被模拟、噪声生成、粒子系统以及分型算法。在最近几年,过程式建模相关的研究中出现了新的热点领域,即虚拟城市建模与可视化。过程式建模开始用于虚拟城市建模,并且与物理模型、草图绘制技术、动画建模紧密结合。王丽英等提出了一种基于过程式方法构建城市模型的建模系统,该系统根据用户的设计意图生成城市的 2D 蓝图和 3D 模型。蓝图设计主要采用道路规则、布局模板驱动和约束布局优化三种方法,重点是控制城市整体结构,表现道路和建筑的空间风格。3D 造型根据蓝图提供的 2D 信息,通过重用并组装模型库的基本模型来自动生成。该系统能够在数十分钟内高效可控地生成视觉可信的城市模型。王元等对过程式建模中路网生成方法的研究进行了梳理与总结,并指出今后对于城市过程式建模,路网生成与城市环境的结合将是一个重要的研究方向。

3.5 动画仿真方法

3.5.1 角色仿真概述

基于生物体运动的角色仿真在影视制作、计算机游戏、广告动画设计、VR 等诸多领域都有着重要的应用。角色仿真不是一项独立的工作,而是多项工作的融合。在造型、动画、绘制、合成四项过程中,角色造型是角色仿真的首要问题,是构建角色真实感的前提。绘制与合成继承了定格动画创造运动错觉的特点,通过每秒改变 24 次或 30 次造型来模拟运动过程,最终将绘制的 3D 模型合成投影到显示器屏幕上。

早在 20 世纪 70 年代,最早的角色仿真技术只能生成手、脸等人体局部的简短序列。随着技术的发展,3D 角色仿真更广泛地被观众接受。3D 动画使用计算机技术建立模型并制作动画,在空间方面有明显的优势,通过输入参数即可自动计算出发生透视变化的效果。在现代影视、游戏中高超的角色仿真技术,不仅能够模拟出真实生物的运动细节,还能制作出感官真实的幻想生物,完成实景拍摄难以达到的视觉特效。正如著名动画公司梦工厂的那句名言:"我们所做的一切都是关于纯粹的想象力。"

角色仿真不仅在影视工业中十分重要,在计算机图形学研究中也十分重要。其中影响力最大的学术会议是 SIGGPRAPH,他们每年都会刊出数篇关于角色仿真技术的前沿研究论文,它们通常是游戏、影视界与大学高校的合作成果。SIGGRAPH(Special Interest Group on Computer Graphics and Interactive Techniques)是由 ACM SIGGRAPH 组织的计算机图形学年会,始于 1974 年。其主要会议在北美举行,SIGGRAPH Asia 是每年举行的第二次会议,自 2008 年以来一直在亚洲各国举行。会议内容既包括学术报告,也包括行业贸易展览会。

3.5.2　角色造型

　　角色仿真的首要问题就是构建出逼真的角色造型,并考虑角色的运动特征。造型主要反映角色的外形,主要由生物体的骨骼结构和附着在骨骼上的肌肉运动决定。在运动过程中,受肌肉伸展与收缩的控制,骨骼发生旋转,同时皮肤发生形变(见图 3.24)。在形体塑造过程中,为了角色的感官真实性,往往需要参考大量解剖学资料来模仿生物体的运动姿态。通常可以获得的参考资料有标本、模型、图片、书籍等。随着硬件发展,动作捕捉方式也逐渐流行。根据动作捕捉采集的数据,形成初步角色动作模型,其后再根据艺术创意进一步调整修改。专业动作捕捉需要专用空间、设备、软件和技术人员等支持,具有一定成本和技术门槛。

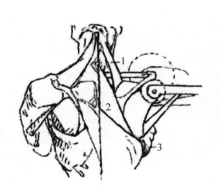

图 3.24　人体(左)及马(右)的解剖特征

　　绑定与蒙皮。骨骼绑定与表面蒙皮是主流的角色造型方法,将角色分为抽象化的骨骼绑定与表面蒙皮两部分。表面蒙皮是指由若干多边形面片拼接形成的几何表面,用于角色的表面呈现方式。蒙皮确切地定义了骨骼绑定移动时表面的变形方式,以便动画师通过简单的骨骼运动产生角色动画。骨骼绑定是指为一组相互连接的部分的层次结构设置蒙皮变形参数的过程。骨架位于角色内部,准确定义角色的移动方式以及对应限制。有别于生物解剖的骨架,绑定骨架不一定真实,但符合艺术表现的需求。绑定与蒙皮通常用于驱动人类等生物体,使动画过程更为直观,并且可以使用相同的技术来控制任何物体的变形,甚至包含门、勺子、建筑物等拟人动画。当动画对象比人形角色更一般时,骨骼集可能不是分层或互连的,而只是表示它正在影响的网格部分(见图 3.25)。

3.5.3　角色动画

　　动画导演诺曼·迈凯伦曾说:"动画不是移动的绘画艺术,而是绘制动作的艺术。"角色动画师类似于电影或舞台导演,能够为角色注入生命,创造思想、情感和个性。角色动画师

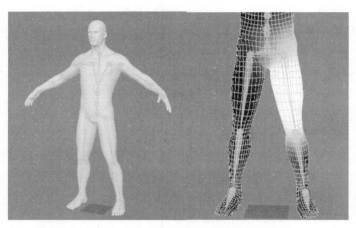

图 3.25　人体的骨骼绑定(左)与表面蒙皮(右)

通常会在关键帧上控制角色部位的变化,如四肢、眼睛、嘴巴、衣服等。在动画和电影制作中,关键帧是定义平滑过渡的起点和终点的绘图或镜头。这些被称为帧,因为它们在时间上的位置是以胶片上的帧或数字视频编辑时间轴上的帧来衡量的。关键帧之间的外观差异可由计算机在称为补间或变形的过程中自动计算。

在角色仿真中,状态机常用来驱动角色运动。动画通常由一系列零散的预录制的运动片段产生,它们靠状态机联系起来,提供模块化的组织形式。用户定义角色或骨架蒙皮可能存在的一系列不同状态,反映出不同的运动模式。进入、退出这些状态的流程图构成了运动的状态机。游戏开发者构造很多的动画片段,然后通过状态机判断当前角色的状态,然后选择播放某一个动画片段(见图 3.26)。状态机动画作为一项成熟的技术,因其简单易实现而应用广泛。但在动画切换过渡时容易失真,且状态数量随转换次数增加而增长,扩展性受限。运动匹配在状态机动画的基础上,通过额外算法选择动画状态,避免手工设置的劳动,同时能缓解切换的失真现象。

在传统动画制作流程中,每一帧都必须手工编辑。现在动画师可以通过使用数字关键帧动画来识别图形的不同元素并选择这些元素如何随时间移动或变化,从而减少重复劳动。要在数字动画序列中创建动作,首先需要定义该动作的起点和终点,这些标记称为关键帧,它们用作所有不同类型动画程序中动作的锚点(见图 3.26)。关键帧动画根据关键帧对象不同,产生关键帧之间的内插值。拟合关键帧之间的曲线是提高运动平滑度的关键因素,常见的方法有线性拟合与样条拟合。前者通过线性函数近似中间帧的连续变化,后者使用高阶多项式逼近运动函数。另外,可以通过添加状态参数实现更精确的运动描述,或是利用大数据集提升采样精度以提高插值帧率。

受机器学习与神经网络技术的影响,状态机动画与关键帧动画得以更加智能化与自动化。通过记录下一帧动画的标签,由人工智能直接输出后续帧,从而实现运动预测、合成与控制等高级任务(见图 3.27)。数据驱动的动画从预录制的数据集产生,从而提高数据集的复用性与模型的可扩展性。

通常而言,数据集是静态的,而数据驱动产生的动画能够动态变化。一种名为运动图的方式能够将数据帧投影到特征空间,并在特征空间通过帧间的连接与过渡产生动画。基于网络的方法往往根据数据来学习帧的上下文关系,从而根据当前帧预测未来帧的具体数值。

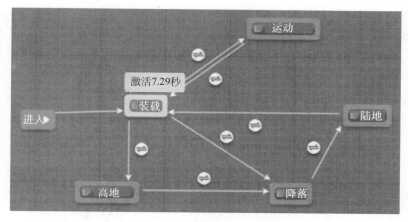

图 3.26 虚幻引擎下的状态机动画图示(上)及关键帧动画技术(下)

图 3.27 数据驱动的四足动物仿真

数据驱动的方法充分利用了大数据集的优势,同时尽可能对数据进行复用与推测,以产生观感真实的运动(见图 3.28)。

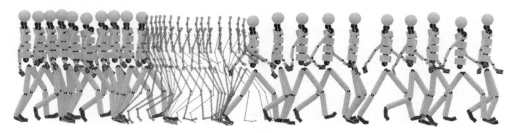

图 3.28 数据驱动的数字人仿真

对于表演与动作捕捉中太过危险的运动,可以通过计算运动物理特性和阻力来产生动画。根据虚拟解剖学属性,例如肢体重量、肌肉反应、骨骼强度和关节约束,物理动画能够实现逼真的弹跳、翻滚、打击等效果。骨骼动画则能直接对关节位置赋值来改变运动姿态(见图 3.29)。物理动画类似在关节处添加电机,让整个动作符合物理定律,如同控制机器人。确定物理过程的方式包括基于搜索和基于强化学习的方法。其中基于搜索的方法通过前向模拟与评估成本函数来找到最优的运动过程,即通过优化运动的控制参数,而非运动姿态本身来构造控制器,以提升模型的稳健性。基于强化学习的方法通过优化代理来选择时间回报最大的行为,并根据回报函数与状态不断更新。强化学习的方法更适用于复杂运动。

图 3.29　双足动物物理仿真及数字人物理仿真

观看视频

3.6　实践环节——玩家角色建模

用户的虚拟化身,即玩家角色,往往是某些应用中最重要的模型。创建一个完美的玩家角色主要依赖于商业软件 Autodesk 3ds Max、Maya、Zbrush 等(如 3.3 节所述)。因受篇幅限制,本章将假设这个玩家角色模型已经被创建好了,更多关注开发流程中这个模型如何被导入 VR 应用中。本案例中用到的玩家角色模型随教材对外公开,读者可以从教材附带的电子资源中获取。

图 3.30 展示了玩家模型加载和初始化的流程,这个流程衔接了之前的游戏启动流程,同时为后面实现玩家对模型的控制和玩家技能做好了准备。

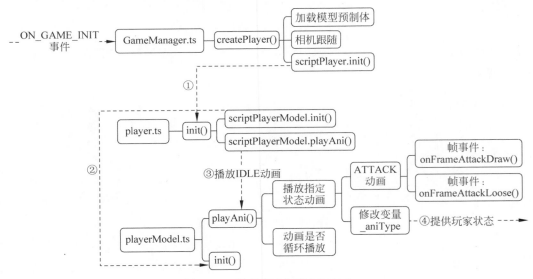

图 3.30　玩家模型加载和初始化

3.6.1　玩家模型资源导入

在本项目中,主角模型为预制件,附带骨骼动画以及相关脚本等属性。和往常一样,我们将本讲的资源导入。注意不要让文件夹相互覆盖,如果无法自动合并同名文件夹,则需要将本讲资源按照目录层级一一自行拖入。导入后资源管理器内的层级如图 3.31 所示。

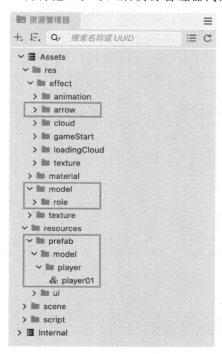

图 3.31　课程资源导入

我们在 gameManager 脚本中实现将玩家模型加载到 fight 场景的功能。首先,声明准备用于存储玩家模型的节点:public static ndPlayer:Node=null!;//玩家节点,这之后,创建加载玩家模型为刚刚声明的 ndPlayer 节点的函数(如果编译错误,记得检查代码顶部是否导入了依赖的框架文件):

```
1.    private _createPlayer () {
2.      ResourceUtil.loadModelRes("player/player01").then((pf: any) =>{
3.        GameManager.ndPlayer = PoolManager.instance.getNode(pf, this.node) as Node;
4.      })
5.    }
```

最后,在_onGameInit()函数的末尾,将_createPlayer()加入到读取"loading 界面"的代码的回调内。这里的调用我们已经在 4.2 节中完成,在加载 loading 界面完成时会通过框架文件 UIManager.ts 中的 showDialog 函数,将_createPlayer()作为回调传入给 loading.ts 中的 show()函数,最终在界面加载完成后调用。

按之前的启动流程加载场景,就能在 3.6.1 节的编辑器内部预览时在层级管理器看到相应的场景。在进入战斗界面后,gameManager 节点下出现了新的子节点 player01。至此,gameManger.ts 脚本的代码如下:

```
1.   // 省略库文件的导入
2.
3.   @ccclass('GameManager')
4.   export class GameManager extends Component {
5.     public static ndPlayer: Node = null!;                    //玩家节点
6.
7.     onEnable () {
8.       ClientEvent.on(Constant.EVENT_TYPE.ON_GAME_INIT, this._onGameInit, this);
9.     }
10.
11.    onDisable () {
12.      ClientEvent.off(Constant.EVENT_TYPE.ON_GAME_INIT, this._onGameInit, this);
13.    }
14.
15.    private _onGameInit () {
16.      let level = PlayerData.instance.playerInfo.level;
17.      UIManager.instance.showDialog("loading/loadingPanel", [()=>{
18.        this._createPlayer();
19.      }]);
20.    }
21.
22.    private _createPlayer () {
23.      ResourceUtil.loadModelRes("player/player01").then((pf: any)=>{
24.        GameManager.ndPlayer = PoolManager.instance.getNode(pf, this.node) as Node;
25.      })
26.    }
27.  }
```

3.6.2　骨骼动画资源导入

在层级管理器中找到预制体 player01 并双击打开,可以看到主角模型的具体层级。在 body 节点中,我们可以看到 cc.SkeletalAnimation 组件,即骨骼动画,可以直接理解为绑定到玩家模型上的一组动画,可以在动画编辑器中查看,但无法编辑。其他与我们之前学过的关键帧动画几乎没有区别。骨骼动画组件的属性如表 3.1 所示。

表 3.1　SkeletalAnimation 组件属性

属　　性	描　　述
Clips、DefaultClip、PlayOnLoad	与动画组件的属性功能一致,详情请参考动画组件属性
Sockets	用于将某些外部节点挂到指定的骨骼关节上,属性的值表示挂点的数量。详情请参考"挂点系统"部分的内容
useBakedAnimation	该项用于切换使用预烘焙骨骼动画或实时计算骨骼动画,详情请参考"骨骼动画系统"部分的内容

与之前的节一样,玩家模型身上不只具备一组骨骼动画。我们需要获取到玩家模型身上的 cc.SkeletalAnimation 组件,通过其播放指定的动画。首先在 script/fight 文件夹下新建脚本 playerModel.ts,挂载到 player01 下的 body 节点上(和 cc.SkeletalAnimation 同样的节点)。

首先声明用来存储骨骼动画组件的变量,并在 body 节点的属性检查器中将 body 节点自身拖入:

```
1.  @property(SkeletalAnimationComponent)
2.  public aniComPlayer: SkeletalAnimationComponent = null!; //骨骼动画组件
```

然后我们定义用于播放指定骨骼动画的函数,目前只实现根据动画名称播放指定骨骼动画的功能,同时根据 isLoop 判断是否循环播放动画。

```
1.  public playAni (aniType: string, isLoop: boolean = false) {
2.      this.aniComPlayer?.play(aniType);
3.
4.      if (this._aniState) {
5.      if (isLoop) {
6.          this._aniState.wrapMode = AnimationClip.WrapMode.Loop;
7.      } else {
8.          this._aniState.wrapMode = AnimationClip.WrapMode.Normal;
9.      }
10. }
```

最后,在 start 函数内播放指定的动画状态:

```
1.  start() {
2.      this.playAni(Constant.PLAYER_ANI_TYPE.IDLE, true);
3.  }
```

记得根据代码提示导入以上代码所依赖的库文件。此时开始演示,完成战斗界面的加载后,就可以看到玩家模型处于 idle 动画状态,也可以在 start()函数内选择其他动画播放查看效果,如 ATTACK、RUN 等。下方代码框内为 Constant.ts 内有关玩家动画类型的定义:

```
1.  //玩家动画类型
2.  public static PLAYER_ANI_TYPE = {
3.      IDLE: "idle",                                   //待机
4.      RUN: "run",                                     //向前跑
5.      ATTACK: "attack",                               //攻击
6.      DIE: "die",                                     //死亡动作,后仰倒地
7.      REVIVE: "revive",                               //复活
8.  }
```

动画化事件也是事件系统的一种。通过在动画时间轴的指定帧调用动画事件,函数可以更好地充实动画剪辑。在动画时间轴某一帧上添加事件帧后,动画系统将会在动画执行到该帧时,根据事件帧中设置的触发函数名称去匹配动画根节点中对应的函数方法并执行。

3.6.3 事件脚本编写

需要用脚本定义指定动画帧所调用的动画时间和内容,这与之前定义 Button 组件触发事件的思路类似。本节以攻击动画 ATTACK 为例,在拉弓时显示箭,在箭射出时隐藏玩家模型身上的箭。

首先,增加声明如下变量,并在 body 节点的属性编辑器界面将其子节点 arrow 拖入 ndArrow 属性:

```
1.  @property(Node)
2.  public ndArrow: Node = null!;                       //攻击时候展示的箭矢
```

然后如下定义回调函数:

```
1.  public onFrameAttackDraw () {
2.    this.ndArrow.active = true;
3.  }
4.
5.  public onFrameAttackLoose () {
6.    this.ndArrow.active = false;
7.  }
```

此外,定义初始函数 init(),玩家模型在一开始隐藏箭:

```
1.  public init () {
2.    this.ndArrow.active = false;
3.  }
```

并在 player.ts 的 init()函数中播放 idle 动画后调用(init 相关这两步只是为了让箭的出现和隐去过程完整,与动画帧事件无关)。

```
1.  import { _decorator, Component, Node } from 'cc';
2.  import { Constant } from '../framework/constant';
3.  import { playerModel } from './playerModel';
4.  const { ccclass, property } = _decorator;
5.
6.  @ccclass('player')
7.  export class player extends Component {
8.    @property(playerModel)
9.    public scriptPlayerModel: playerModel = null!;        //玩家动画组件播放脚本
10.
11.   start() {
12.
13.   }
14.
15.   update(deltaTime: number) {
16.
17.   }
18.
19.   public init() {
20.     this.scriptPlayerModel.playAni(Constant.PLAYER_ANI_TYPE.IDLE, true);
21.     this.scriptPlayerModel.init();
22.   }
23. }
```

选中 body 节点后打开动画编辑器,正如之前所说,我们无法在其中看到骨骼动画的细节,但仍可以在左上角的 clips 属性切换不同的动画,为 ATTACK 动画添加事件。

将时间控制线拖动到 0~15 帧,单击菜单工具栏中的插入帧事件按钮,添加事件。右键选中出现的图标(绿色框内,见图 3.32)。

单击编辑后,会看到图 3.33 所示页面:

(1) 添加新的触发函数;

(2) 保存事件函数;

(3) 填写需要触发的函数名称;

(4) 删除当前事件函数;

(5) 添加传入的参数(目前支持 String、Number、Boolean 三种类型)。

直接在 function Name 中填入 onFrameAttackDraw 添加即可。按相同方法为第 0~25

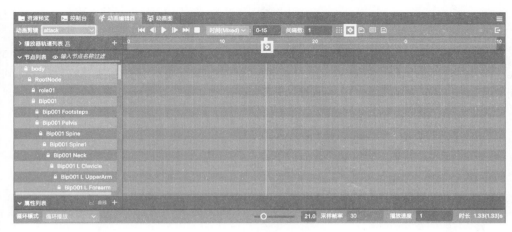

图 3.32　编辑动画帧事件

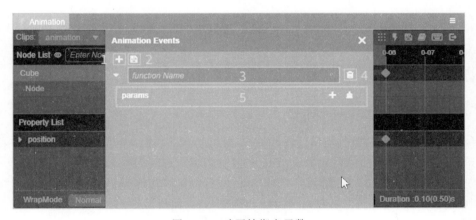

图 3.33　动画帧绑定函数

帧添加事件回调 onFrameAttackLoose。

　　不同骨骼动画的播出对应着玩家模型的不同状态。我们可以在播放骨骼动画时通过所要播放的动画名检测玩家模型所处的状态。

　　首先,在 playerModel.ts 中增加如下变量的声明:

```
1.  private _aniType: string = "";                          //动画类型名
2.  private _aniState: SkeletalAnimationState = null!;      //动画播放状态
3.  public isAniPlaying: boolean = false;                   //当前动画是否正在播放
```

　　接着,重新对 playAni()函数的内容做如下修改:

```
1.  public playAni (aniType: string, isLoop: boolean = false){
2.    this._aniState = this.aniComPlayer?.getState(aniType) as SkeletalAnimationState;
3.
4.    if (this._aniState && this._aniState.isPlaying) {
5.        return;
6.    }
7.
8.    this._aniType = aniType;
9.
10.   this.aniComPlayer?.play(aniType);
```

```
11.    this.isAniPlaying = true;
12.  }
```

这里主要是增加了依据输入的动画类型名修改表示模型所处状态的变量,修改表示模型是否正在播放动画的变量 isAniPlaying,同时获取模型相应的骨骼动画状态。这样,我们就可以根据_aniType 和 isAniPlaying 判断模型所处状态,作为属性接口提供给外界了。

在 playerModel.ts 中增加如下代码:

```
1.  //是否正在运行
2.  public get isRunning () {
3.    return this._aniType === Constant.PLAYER_ANI_TYPE.RUN && this.isAniPlaying === true;
4.  }
5.
6.  //是否待机
7.  public get isIdle () {
8.    return this._aniType === Constant.PLAYER_ANI_TYPE.IDLE && this.isAniPlaying === true;
9.  }
10.
11.  //是否正在攻击
12.  public get isAttacking () {
13.    return this._aniType === Constant.PLAYER_ANI_TYPE.ATTACK && this.isAniPlaying === true;
14.  }
```

3.6.4 在主场景中调用

目前,我们已经可以播放指定的动画,获取玩家模型状态,并同时触发事件,这些都会在玩家进行相应操作时发生。我们将会在第 7 讲中实现玩家操控主角模型的脚本 player.ts,因此在这里提前创建该脚本,在其中调用 playerModel.ts 播放骨骼动画的函数,使模型处于初始的 IDLE 状态。

首先,删除 playerModel.ts 的 start 函数内播放骨骼动画的脚本。接着,在 script/fight 文件夹下创建 player.ts 脚本,并挂载到 player01 节点上。

为了获取到控制玩家模型的脚本,在 player.ts 中声明一个 playerModel 类的变量,并创建 init()函数完成跨脚本调用,至此 player.ts 的脚本内容如下:

```
1.  import { _decorator, Component, Node } from 'cc';
2.  import { Constant } from '../framework/constant';
3.  import { playerModel } from './playerModel';
4.  const { ccclass, property } = _decorator;
5.
6.  @ccclass('player')
7.  export class player extends Component {
8.    @property(playerModel)
9.    public scriptPlayerModel: playerModel = null!;          //玩家动画组件播放脚本
10.
11.    start() {
12.
13.    }
14.
15.    update(deltaTime: number) {
16.
17.    }
```

```
18.
19.    public init() {
20.      this.scriptPlayerModel.playAni(Constant.PLAYER_ANI_TYPE.IDLE, true);
21.    }
22. }
```

最后，在 gameManager 导入玩家模型时执行 player.ts 对玩家模型的初始化，即调用刚刚完成的 init()。依然是先声明，再获取，再调用：

（1）gameManager.ts 增加如下声明：public static scriptPlayer：player ＝ null！；

（2）接着将 _createPlayer 函数修改为如下所示内容：

```
1.    private _createPlayer () {
2.    ResourceUtil.loadModelRes("player/player01").then((pf: any) =>{
3.      GameManager.ndPlayer = PoolManager.instance.getNode(pf, this.node) as Node;
4.
5.       let scriptGameCamera = GameManager.mainCamera?.node.getComponent(GameCamera) as
      GameCamera;
6.
7.      scriptGameCamera.ndFollowTarget = GameManager.ndPlayer;
8.
9.      let scriptPlayer = GameManager.ndPlayer?.getComponent(player) as Player;
10.      GameManager.scriptPlayer = scriptPlayer;
11.      scriptPlayer.init();
12.    })
13. }
```

此时进行演示，玩家模型的动画应该与 3.6.3 节完成时并无区别，但我们改变了其调用方式，为后面与玩家移动的结合做好了准备。

3.7　小结

观看视频

3D 建模是 VR 的基础能力。为了建立一个逼真的数字化虚拟世界，需要运用 3D 建模技术对虚拟环境、角色进行建模。本章简要介绍了其基础方法和基本理论，同时也介绍了较为前沿的自动化建模方法，以供读者参考。

在本章的实践部分，完成了战斗场景中玩家模型的加载，并实现了主角模型 playerModel.ts 脚本的功能，包括播放玩家模型骨骼动画、实现动画帧事件触发的回调、根据正在播放的玩家动画判断玩家状态等。

习题

1. 调研现在主流的用于实现包括场景建模、角色建模、动画建模等任务的商业软件，分析现有工具的优缺点，思考在实际 VR 应用中的价值与不足。

2. 从场景建模、角色建模、动画建模等任务中选择一个，调研其前沿科研成果，完成一份调研报告，描述前沿技术带来的 VR 应用的体验提升和技术革新。

第 4 章
CHAPTER 4

多模态输入技术

观看视频

4.1 多模态输入概述

为了和用户进行高效互动,VR 系统的输入需要与人的多种感官系统紧密耦合。VR 目前主流的专业设备有微软的 Oculus Rift、HTC Vive,以及 PlayStation VR 等。这些设备普遍可以支持手势、语音交互操作。在手持终端的手机与平板电脑上,摄像头、麦克风、触摸屏成为基本输入,而体感(包括眼神)信号也日渐成为专业设备和手持终端上的标配功能。事实上,单一模态的输入无法满足复杂多变的真实场景需求。根据场景和任务,允许用户选择合适的模态,甚至智能组合多种模态,才是高效、准确理解真实世界和用户意图的不二选择。

观看视频

4.2 键盘输入

打字是一项与人体工程学息息相关的任务,是现代人生活中不可或缺的一部分。我们通常花费大量时间在键盘打字上,对键盘输入方式的研究也日益增多。键盘位置是影响用户打字舒适度的重要因素。随着 VR 逐步走入我们的生活或者工作场所,以下解决方案允许用户继续使用键盘作为输入工具:

(1)利用一些外设,例如智能手表或小型的蓝牙键盘等替代键盘。但这并不是最佳方式,因为对外设的依赖会降低 VR 应用的独立性。

(2)基于手持终端(手机和平板电脑)的应用一般可以调用屏幕上的虚拟键。这是开发者处理起来最简单,用户也最容易接受的方式。

(3)基于头戴式 VR 硬件的应用若要实现全键盘的输入方式,则需要探索新的技术。最理想的方式是,系统能将键盘投影到用户视野里,并通过体感交互的方式允许用户快捷地输入文字。

针对最后一个情况,有不少尚未解决的技术难点。在头显中,来自真实世界的布局干扰、颜色混合和投影位置等问题都将影响虚拟键盘的适用性。深度顺序、对象分割和场景失真都容易导致用户难以通过透明的头显查看内容。这些问题都会影响虚拟键盘按键的可读性和可见性。因此,用户需要改变原有的平面输入方式,开发者需要发明更好的输入方式来适应头显,方便用户输入文字。

VR 输入方法相比原始的方法确实存在一些问题,具体区别如图 4.1 所示。

在图 4.1(a)中,用户手与显示器都处于标准位置,用户的肘部是水平的,这个姿势使用户可以放松手部。图 4.1(b)和图 4.1(c)分别是使用 VR 设备时,用控制器输入与使用手部光学追踪进行输入,用户为了符合 VR 设备的输入方式,不得不将手抬起。长时间保持这样的姿势必然会给用户带来疲劳,尤其手握 VR 设备的控制器相比空手更加劳累。

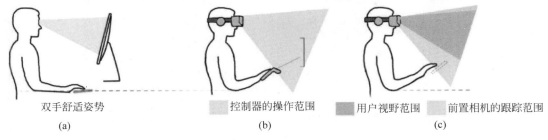

双手舒适姿势　　　　　控制器的操作范围　　　用户视野范围　　前置相机的跟踪范围
(a)　　　　　　　　　　(b)　　　　　　　　　　(c)

图 4.1　VR 输入与普通键盘输入的比较

不仅是键盘的位置会给用户带来影响,键盘的形状和尺寸也会带来重要影响。弯曲的键盘更加符合人体工程学,如图 4.2(a)所示。人们已经适应习惯了普通的键盘,如图 4.2(b)所示。键盘的大小也应当合适。太小则用户无法看清按键,而太大以至于用户无法看清键盘全貌,不得不转动头部去看键盘的各个部分。

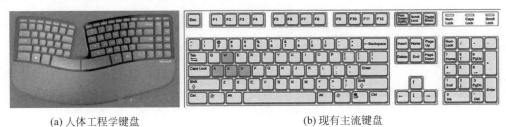

(a) 人体工程学键盘　　　　　　　　　(b) 现有主流键盘

图 4.2　不同键盘的形状

基于手持终端屏幕呈现的虚拟键盘是 VR 应用的标准输入方式。Oculus 等专业设备需要通过眼神、手势、控制器等方式将指针移动到目标键位上,再单击确认输入该字符。这种方式非常缓慢,需要花费大量时间。与此同时,将键盘保持在视角中并且长时间利用手势、控制器,容易导致疲劳,大幅度降低用户体验。

与虚拟环境及其对象进行交互的最常见方式之一是借助手持控制器,如图 4.3(a)所示。该设备使用从其投射到虚拟环境的射线作为指向机制。射线的末端类似于光标。用户只需移动控制器指向所需字母即可在虚拟键盘上打字。“选择”操作可以通过按键输入或滑动输入完成。另外一种方法是让用户仅用手与虚拟键盘进行交互,如图 4.3(b)所示。通过头显的前置摄像头捕获手掌的位置和手势。也就是说,用户使用手掌在空中的位置来指示光标位置,触发虚拟键盘的文字输入。

部分虚拟键盘的变种,可以有效降低原有的缺陷,如 Punchkeyboard(见图 4.4)。这个插件允许用户使用两个手柄控制器,像双手正常敲击键盘一样,使用控制器的虚拟指针快速敲击虚拟键盘,提升用户的打字体验。同时这个插件通过自动的单词补全和词语预测来加速文字输入速度。

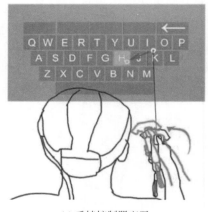

(a) 手持控制器交互   (b) 手掌位置控制光标交互

图 4.3   虚拟环境中的交互方式

图 4.4   Punchkeyboard 插件

手部跟踪键盘(见图 4.5)和实体键盘的输入方式基本一致,唯一的区别是虚拟键盘代替了实体键盘,所以用户无须任何学习就可以直接使用。这种输入方式明显提高了打字速

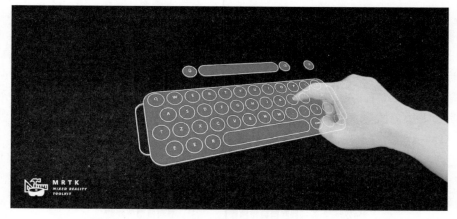

图 4.5   Microsoft Mixed reality toolkit 手部跟踪键盘

观看视频

度,能够和基本输入方式的速度相同。但它也存在一些缺陷,如手部位置需要在摄像头范围内,可能会导致如前文所述的疲劳姿势。如果纯空中手势无法提供物理触觉反馈,用户就会产生一种没有反馈的落差感。

4.3　语音输入

语音输入是通过计算机自动将人类语音转化为相应文字的技术。随着语音识别和自然语音处理技术的发展,VR 能够使用语音进行交互。语音是适合 VR 的一种输入方式,特别是针对没有触摸屏的头显。一般只能通过眼镜的镜腿区域内有限数量的按键进行交互。语音交互则可以摆脱这个局限,从而彻底解放双手。

现在已经有成熟的技术让我们和电子设备进行语音沟通,科大讯飞、腾讯、阿里、华为、苹果、微软等公司都已开发出了成熟的语音识别软件。Oculus 以及 Gear VR 平台正式支持了 Voice Search 语音控制,允许玩家通过简单的语音指令来进行搜索、启动、撤销等命令,简化了 UI 交互的流程。

人机语音交互有 5 个关键处理阶段:

(1) 机器接收到用户语音后,首先通过语音识别将语音转换为文本,并且可保留语速、音量、停顿等语音本身的特征信息;

(2) 机器通过自然语言从文本中理解用户意图;

(3) 机器通过对话管理决策接下来的动作,并更新对话状态;

(4) 机器通过自然语言生成决策后动作,并将其转变为回复给用户的文本;

(5) 机器通过语音合成将回复给用户的文本转换为语音,完成一次交互。

要启动语音输入,第一个步骤是实现语音唤醒,即通过特定词语启动 VR 设备,使其进入理解人类自然语言的模式。这个看似多余的动作是为了允许设备在长时间不交互的情况下进入休眠的低功耗状态。主流的语音交互的设备均提供了这一功能。语音唤醒普遍是针对已经绑定的用户,非绑定的用户即使知晓该唤醒词也无法启动设备的语音交互功能。

语音输入能够方便普通人,特别是部分有运动障碍的用户使用。相比动手而言,动嘴相对轻松、自然,这是一种方便快捷地输入文本以及控制系统和应用的方法。对于文本输入,正常人说话的速度明显快于用手输入的速度。对于系统控制,用语音选择界面中多个按钮,高效、快捷。在原始的界面控制中,触发一个命令需要三个步骤:用眼睛寻找目标按钮,将指针移动到对应按钮上,单击按钮。而语音控制只需要用眼睛寻找到目标按钮后,读出按钮上的字,甚至熟练之后可以抛弃第一步,从而节省大量时间。语音控制和输入可以有效减少用户的操作时间、工作量和学习成本,符合人类的原始习惯,能有效提升用户体验。

但语音识别存在一定的挑战,它的准确性仍需要改进,口音、方言和小众语言仍然是语音识别面临的困难。而且语音输入在公共场合不具有保密性,一些隐私无法通过语音输入。在背景音嘈杂的真实环境下,语音输入的准确率可能会急剧下降,从而导致交互失败。目前的语音识别进行文本输入时,通常在输入之后需要自己手动调整部分词句。另外,语音输入对于控制的细节无法准确表达,特别是对于缩放和移动等命令,语音输入较难实现灵活且准确的量化。语音输入不需要键盘,由语音识别系统将用户的语言转化为文字。但由于语音识别仍存在一定的挑战,所以常常需要其他的输入方式辅助输入,对于识别错误的部分进行修改。

对于识别技术上存在的困难,语音识别需要通过程序命令设计来减少识别错误。例如使用简洁的命令,包括选择更多的音节和更少的单词;减少发音相似的单词作为不同的命令。这些方法可以降低语音识别的难度,让用户的语音命令更容易被系统识别,提升语音识别的准确性。同时,建议避免设置一些不可修改的命令,如果用户附近的人意外触发了命令,用户可以轻松撤销操作。

观看视频

4.4 体感输入

相对于传统的界面交互,体感交互强调利用肢体动作等手段进行人机交互,通过看得见、摸得着的实体交互设计帮助用户与 VR 系统进行交流。人类生来可以在不借助五感的情况下感知到自身的四肢、关节和肌肉,这叫作本体感受。通过识别动作和姿态,可以实现依靠自己的身体来进行交互。体感交互的普及目前依赖于几种常见的设备,如捕捉手指运动的 LeapMotion、捕捉身体运动的 Kinect、捕捉肌电信号的 Myo 等。以 Kinect 为典型代表,它支持不需要人体佩戴设备的体感交互,使用红外摄像头采集人体运动信号,通过算法识别出人体的动作。

从技术的角度来看,体感输入有别于目前主流的按键(键盘鼠标、遥控器)和触摸(平板电脑、智能手机)交互方式。在体感交互过程中,用户能根据情境和需求自然地做出相应的动作,而无须思考过多的操作细节。换言之,自然的体感交互削弱了人们对鼠标和键盘的依赖,降低了操控的复杂程度,使用户更专注于动作所表达的语义及交互的内容。在 2020 年疫情严重时期,体感交互技术的应用可以让大家不用接触未消毒的键盘或者触摸屏,允许隔空用手势与计算机进行交互,降低了病毒感染的可能性。

对于 VR 系统,在不依赖于外界设备的条件下,有若干手段可以实现体感输入:

(1) VR 头显。左右眼屏幕分别显示左右眼的图像,例如 Meta 推出的 Meta Quest 2,普遍可以支持手势识别功能,能较好地对用户手势进行流畅识别。

(2) VR 手柄。例如智能手机、平板电脑等,因为手需要抓握设备,并不方便用于手势交互。这个时候可以探索的是利用头部、眼神等身体部位进行输入。

图 4.6 以新型指环作为输入方式的体感识别输入设备

另外一个思路是增加外部设备,例如上面提到的 Kinect 和 Leapmotion。研究人员提出了基于 Kinect 传感器,利用新型指环作为输入接口的体感识别设备 Air-Writing(见图 4.6)。该设备可通过 3D 手指运动来实现复杂的空间交互,对连续写入空中的整个序列进行连续识别。用户在空中书写字符,就像使用虚构的白板一样。用户可以实时编写大小写英文字母以及数字,并且准确率超过 92%。通过 Kinect 跟踪用户手指的运动,提取手指空间位置的变化,由系统重构出手指运动的轨迹,并且当手指到达某个 3D 位置时,用户会从指环以振动的形式接收物理反馈。

另外一项研究则探讨了在虚拟环境中如何使用足部压力分布进行运动类型识别。足底压力的分布由每个鞋底上 3 个稀疏的传感器检测。系统选择长短时记忆神经网络模型作为分类器,根据压力分布信息来识别用户的运动姿态(见图4.7)。训练好的分类器直接获取带噪声的稀疏传感器数据,并识别为7种运动姿态(站立、向前/向后行走、奔跑、跳跃、左右滑动),而无须手动定义用于对这些姿势进行分类的信号特征。即使存在较大的传感器变化或个体差异,该分类器也能够准确识别运动姿态。结果表明,对于使用不同鞋码的不同用户,可以达到接近80%的精度,而对于使用相同鞋号的用户可以达到85%的精度。系统提出了一种新颖的方法,将姿势识别的等待时间从2秒减至0.5秒,并将准确性提高到97%以上。这种方法的高精度和快速分类能力可以进一步拓展体感交互在VR系统中的应用。

图4.7　通过足部压力分布识别人体的7种运动姿态

4.5　眼神输入

观看视频

通过眼神与VR系统互动,准确而言也是一种体感输入方式。用户通过移动目光来移动指针,再通过凝视或者眨眼来进行确定。在VR应用中,眼神作为交互模态的重要性日益凸显,因此在这里有必要单独作为一节讲述。实现眼神输入的前提是准确跟踪眼球运动。眼动跟踪的基本原理是通过摄像头捕捉眼睛反射的红外光来跟踪人的视线。眼动追踪的最重要目的是改善VR应用的用户体验。越来越多的头显搭载了眼球跟踪设备,用于捕捉用户的眼球运动。在手持设备中,前置摄像头也用来捕捉用户的眼球运动。这些改进将帮助VR应用的开发者在竞争中脱颖而出。

眼动设备能够了解用户的注意力在3D世界的分布,这带来了大量有关用户注意力的数据源,这就有助于了解用户行为并准确及时地为用户提供他们想要看到的内容。一些获得用户同意的专业广告应用程序会跟踪用户在观看网页时的眼动踪迹,借此向广告主确切显示有多少用户看过广告,注意到他们的品牌推广并消费了关键的营销信息。在可穿戴的VR设备中,眼动追踪技术可以跟随用户穿越真实街道,记录用户对于真实世界内的信息,特别是对于广告信息的关注程度。广告商、零售商可以相应地优化广告投放位置和商店内的布局与陈列方式。

VR设备显示效果常常和人的眼睛位置相关。由于每个人的眼睛并非都是一样的,所以为了提供最佳的图像质量,设备需要进行一些微调以补偿眼睛位置的个体差异。一方面是测量眼睛之间的距离(InterPupillary Distance,IPD)。IPD值的个体差异很大,并且是保持光学清晰度和图像质量的重要因素。使用眼动追踪传感器测量并自动调整IPD,或者指导用户达到最佳设置。自动的IPD调整可以解决头戴式VR设备的障碍之一:无法保持精确的镜头对准。当用户的眼睛花费更少的精力聚焦到关键信息时,这也可以减轻操作过程中的眼睛疲劳度。高质量的图像将允许用户更长时间地沉浸其中。

当前,眼动追踪的设备达到了一个全新的水平。如果 PC 端应用需要实现眼动跟踪,只需要一个眼动捕捉仪。Tobii 是眼动追踪市场的行业领导者之一,在眼动追踪方面拥有数十年的经验,并且可以跨多个行业实现所有类型的应用程序。作为技术开发人员和集成商,Tobii 将眼动追踪带到多个行业,包括 VR 头盔内都可以有方便集成眼动跟踪的设备。而头戴式 VR 的硬件受限于设备大小,采用单目摄像机并通过画面采集去分析人眼运动也是一种可行的方案。在手持设备上,利用前置摄像机去跟踪人眼运动则逐渐成为主流方案之一。

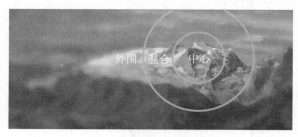

图 4.8　注视点渲染示意图

在 VR 技术中,通过跟踪人眼所关注位置,促进了注视点渲染技术的发展。注视点渲染旨在依据用户关注的区域不同,采用不同级别的渲染分辨率(见图 4.8)。我们的眼睛在全分辨率下具有狭窄的视野,并且在视网膜中心的外侧出现模糊。因为我们的眼睛无法以全分辨率看到所有内容,所以以全分辨率渲染整个屏幕,无疑会浪费计算资源。注视点渲染能够实现更高分辨率的显示,而且不需要设备渲染完整分辨率,可以节省大量 GPU 资源。注视点渲染显示的图形更好地匹配了我们观察对象的自然方式,并带来了许多优点。注视点渲染可以在当前一代的图形处理单元(GPU)上实现 4K 显示,或者在不降低性能的前提下,允许相同的应用程序在成本较低的硬件上运行。

注视点渲染分为静态注视点渲染和动态注视点渲染。静态注视点渲染集中在固定的区域,无论用户的视线如何,最高分辨率都位于观看设备的视场中心。它通常跟随用户的头部移动,但是如果用户将视线移离观看设备的视场中心,图像质量则会大大降低。动态注视点渲染是当用户凝视物体时,对眼睛进行动态追踪,在用户视网膜所见之处(而不是在任何固定位置)渲染清晰的图像。与静态注视点渲染相比,动态方式可为用户提供更好的用户体验和图像质量。由于眼动跟踪能够更好地进行动态注视点渲染,我们默认接下来所说的注视点渲染是动态注视点渲染。

实现注视点渲染需要许多不同的软硬件紧密集成。具体来说,整个图像渲染链的延迟和同步是关键。眼动追踪算法必须进行高度优化,并需要足够好的处理硬件。眼睛跟踪系统将凝视点信息快速传递给系统,告诉 GPU 如何正确渲染图形。此过程必须在几毫秒内完成,否则用户会注意到他们在看的地方与正确渲染的地方之间存在延迟。所有组件必须紧密集成,否则对延时的敏感性将影响用户体验。

北京大学的研究者提出了一种眼动跟踪的模型 DGaze。该模型基于卷积神经网络,能对动态虚拟场景中的用户注视行为进行分析,用于头戴式显示设备场景中的注视点预测(见图 4.9)。DGaze 首先在自由观看条件下的 5 个动态场景中收集了 43 个用户的眼睛跟踪数据。接下来,DGaze 对数据进行统计分析,并观察到动态对象位置、头部旋转速度和显著区域与用户的注视位置相关。DGaze 结合了对象位置序列、头部速度序列和显著性特征来预测用户的凝视位置。DGaze 不仅可以用于预测实时注视位置,而且可以预测接下来的注视位置,并且可以实现比现有方法更好的性能。在实时预测方面,DGaze 基于角度距离作为评估指标,在动态场景中比以前的方法提高了 22.0%,在静态场景中则提高了 9.5%。研究者将 DGaze 应用到视线渲染和游戏中,并验证模型中每个组件的有效性。

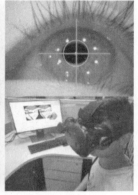

图 4.9　眼动跟踪模型 DGaze 对头显用户的注视点进行预测

4.6　多模态融合

观看视频

VR 通常不仅仅只有单模态输入,往往可能有多模态输入。多模态交互已成为 VR 的研究趋势之一。多模态融合被视为改善虚拟实体与物理实体之间交互的解决方案。因为它基于单模态,又比单模态更加准确。在单模态分析和解释中遇到的困难可以通过将它们集成到多模态系统中来克服,这不仅有利于增强可访问性,而且还带来更多便利。例如,近年来,一些技术将各种手势识别和语音识别输入引入 VR,进而去解决 VR 环境中潜在的用户交互限制,它们引起了研究者们极大的兴趣。结合手势识别的交互技术为语音识别提供了单独的互补形式。一方面,语音识别的输入可以肯定手势命令,手势可以消除嘈杂环境下的语音识别错误;另一方面,与语音相辅相成的手势只有在与语音一起并可能会注视的情况下才能携带完整的交流信息。由谷歌推出的一款键盘应用 Daydream 所采用的文本输入方法是手势+指点的混合输入方式。其他的混合方式输入,都是基于被混合的单种输入方式进行相互补充。

西安交通大学的研究者进行了一项研究,结合两种输入机制(滑动输入和按键输入)研究 4 种输入方法(控制器、头部、手部和混合)的用户偏好和文本输入性能。图 4.10 展示了这 4 种不同的输入方法。这项研究是对这 8 种可能组合的首次系统研究。研究的结果表明,在文本输入性能和用户体验方面,控制器优于所有其他无须设备的方法,但是用户可以根据任务要求以及喜好和身体状况使用无设备单击方法。

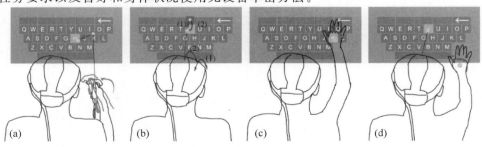

图 4.10　不同的多模态方式用于文本输入

多模态融合系统可以分为两类：特征级融合、语义级融合。

特征级融合是在将各种输入形式的信号发送到它们各自的分类器之前，完成功能级别融合。特征级融合被认为是用于集成紧密耦合和同步的输入信号(例如，信号相互对应的手势识别和语音识别)的一种优秀策略。特征级融合的典型缺点是建模复杂、计算量大且难以训练。通常特征级融合需要大量的训练数据集。

语义级融合是在信号经各自的识别器中解释之后进行的。语义级融合适用于集成两个或多个提供补充信息的信号，例如语音识别和手写识别。各个识别器用于独立解释输入信号。可以使用现有的单模态训练数据集来训练那些分类器。因此，输入形式的信号信息需要彼此互补，并且时间节点在融合多种不同的输入形式方面起着重要的作用。所识别的输入形式信号的语义表示对于多模态融合是必不可少的，并且相互消除歧义对于解决单一模态的交互错误是必要的。

研究人员还探索了一种多模式交互方式，为用户提供了操作虚拟 3D 物体的方法(见图 4.11)。这种方式结合了眼神和手势跟踪技术，通过二者的结合，在虚拟空间中对物体进行选择和操作(包括平移、旋转和缩放等)。仅通过眼神跟踪实现的注意力机制可能导致操作错误(如超过边界、错误选择邻近物体)，因此结合手势操作，可以更准确地操作物体，同时利用眼神操作，可以提升操作的效率，二者相得益彰。

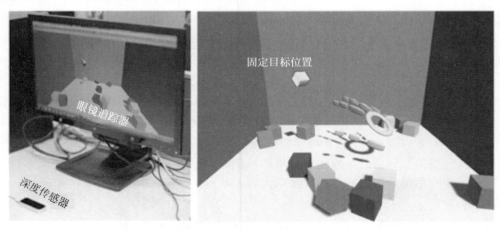

图 4.11　结合手势和眼神跟踪的多模态输入方式在虚拟场景中对物体进行操作

实现多模态交互主要包含两个阶段：首先，要根据交互任务选择各种输入形式；其次是融合所选择的多模态信号。

第一阶段的主要目标是定义可靠和可用的输入形式及其融合。要先确定要选择的输入形式，如语音识别、手势识别和眼神识别。此阶段的工作是确定单模态输入形式的局限性所引起的问题，以及多模态如何改善或者解决这些问题。输入形式的含义可以根据上下文、任务、用户和时间而变化。输入形式具有非常不同的特征，它们可能没有明显的相似点，而且组合起来也不容易，其中最具挑战性的方面是时间维度。不同的输入形式可能具有不同的时间限制以及不同的信号和语义承受力。例如手势识别之类的某些输入形式能在稀疏、离散的时间点提供信息，而其他模态则生成连续的输出，例如眼神。但这些不同的输入形式常常可以互相弥补。

　　第二阶段的融合通常是多模态交互系统的关键技术挑战。因为一旦选择了所需的模态,要解决的关键问题就变成了如何将它们组合在一起。为解决此问题,就需要了解集成模态在 VR 环境中的关系。例如,某些输入形式之间(例如语音和嘴部动作)会比其他输入形式之间(例如语音和手势动作)有更加紧密的联系。通常,尝试不同的输入形式组合也是合理的,确实应该使用多种方法执行实际的融合。在技术上,我们应该有每种信号模态的历史记录,通过分析每个输入形式的信号,可以获得其统计特征,然后使用所提供的具有统计特性的多通道信号融合,通过多模态融合系统,有效地合并两个或多个输入形式。

观看视频

4.7　实践环节——摇杆交互与角色控制

　　本节将介绍如何利用主流 VR 硬件的交互设备手柄摇杆完成应用交互。这种方式虽然和前面各节所述的交互方式不一,但本质上都是完成共同的交互任务,例如菜单选择、玩家移动等。手柄摇杆有特殊的优势,控制准确便于操作,成本较低便于普及。而利用语音、体感、眼神等模态,需要首先做意图理解,再将用户意图转化为系统命令。为了确保本书案例的可操作性,我们在这里面介绍的实现方式围绕手柄摇杆,读者亦可通过新型的交互方式完成同样的功能。

　　从第二部分开始,我们开始进入角色控制功能的制作,玩家使用战斗界面里面的摇杆完成输入。目前 fightPanel 中的摇杆还只是几张图片素材,我们来为其实现交互功能。这些功能在 joystick.ts 中利用节点输入事件实现。

　　本讲中,我们学习节点事件系统的使用,针对不同节点输入事件,即触摸开始、触摸持续、触摸停止,实现了相应的回调函数,为摇杆加入了对玩家触摸的反馈。同时我们预留了用于操作玩家模型移动的参数供后面的章节使用。

　　我们来看看摇杆交互实现的基本逻辑,后面的部分我们将在之前声明的回调函数中一一实现图 4.12 中的功能。

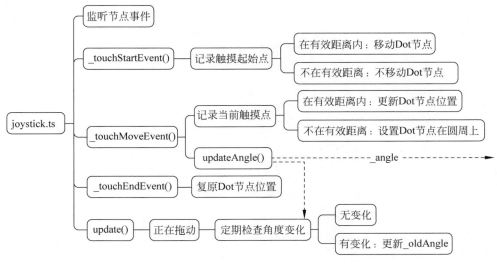

图 4.12　摇杆功能逻辑

4.7.1 摇杆节点获取与事件监听

我们来回忆一下之前已经搭建好的摇杆节点结构(见图 4.13):

图 4.13 摇杆层级

(1) joystick 节点负责挂载脚本以及为 ring 节点布局提供锚点;

(2) ring 节点负责挂载 Sprite Frame 资源以及使用 widget 使遥感固定在中下部;

(3) dot 节点同样负责挂载 Sprite Frame 资源,以实现完整的虚拟摇杆形象;

(4) tip 节点负责显示提示信息;

在 script/fight 文件夹下新建 joystick.ts 脚本,并挂载到 fightPanel 预制体的 joystick 节点上。因为脚本内容相对较多,这次直接提前声明将要用到的变量,以减少不必要的调试:

```
1.   import { _decorator, Component, Node, EventTouch, UITransformComponent, Vec3 } from "cc";
2.   import { ClientEvent } from '../framework/clientEvent';
3.   const { ccclass, property } = _decorator;
4.
5.   @ccclass('joystick')
6.   export class joystick extends Component {
7.     @property({type: Node, displayName: '摇杆背景节点 Ring'})
8.     public ndRing: Node = null!;
9.
10.    @property({type: Node, displayName: '摇杆节点 Dot'})
11.    public ndDot: Node = null!;
12.
13.    @property({displayName: '摇杆可移动的内圈大小'})
14.    public innerSize: number = 10;
15.
16.    public isMoving: boolean = false;              // 摇杆是否正在移动
17.
18.    private _oriRingPos: Vec3 = null!;             // Ring 的初始位置
19.    private _targetRingPos: Vec3 = new Vec3();
20.    private _oriDotPos: Vec3 = new Vec3();         // Dot 初始坐标
```

```
21.
22.   private _touchStartLocation: Vec3 = new Vec3();      // 开始触碰位置
23.   private _touchMoveLocation: Vec3 = new Vec3();       // 移动触碰位置
24.   private _touchEndLocation: Vec3 = new Vec3();        // 结束触碰位置
25. }
```

接着,将 Dot 和 Ring 节点分别拖入属性编辑器相应的属性中,就完成了实现摇杆交互功能要做的准备。

触摸事件在移动端和 PC 端都会触发,开发者若希望更好地在 PC 端进行调试,只需要监听触摸事件即可同时响应移动端的触摸事件和 PC 端的鼠标事件。系统提供的触摸事件类型如表 4.1 所示。

表 4.1　触摸事件类型

枚举对象定义	事件触发的时机
Node.EventType.TOUCH_START	当手指触点落在目标节点区域内时
Node.EventType.TOUCH_MOVE	当手指在屏幕上移动时
Node.EventType.TOUCH_END	当手指在目标节点区域内离开屏幕时
Node.EventType.TOUCH_CANCEL	当手指在目标节点区域外离开屏幕时

我们已经有了多次注册和监听事件的经验,而摇杆输入事件是注册在 joystick 这个节点上,即监听发生在 joystick 节点之上的触摸事件。节点事件的注册和销毁实现在 onEnable() 和 onDisable() 函数中:

```
1.   onEnable () {
2.     this.node.on(Node.EventType.TOUCH_START, this._touchStartEvent, this);
3.     this.node.on(Node.EventType.TOUCH_MOVE, this._touchMoveEvent, this);
4.     this.node.on(Node.EventType.TOUCH_END, this._touchEndEvent, this);
5.     this.node.on(Node.EventType.TOUCH_CANCEL, this._touchEndEvent, this);
6.   }
7.
8.   onDisable () {
9.     this.node.off(Node.EventType.TOUCH_START, this._touchStartEvent, this);
10.    this.node.off(Node.EventType.TOUCH_MOVE, this._touchMoveEvent, this);
11.    this.node.off(Node.EventType.TOUCH_END, this._touchEndEvent, this);
12.    this.node.off(Node.EventType.TOUCH_CANCEL, this._touchEndEvent, this);
13.  }
```

接着,提前声明节点上 4 种触摸输入事件发生时将要触发的回调函数:

```
1.   private _touchStartEvent (event: EventTouch) { }
2.
3.   private _touchMoveEvent (event: EventTouch) { }
4.
5.   private _touchEndEvent (event: EventTouch) { }
```

4.7.2　摇杆交互的实现

1. touchStartEvent 的实现

首先,获取触摸起始点,即 touchStartLocation 的位置坐标,同时记录整个摇杆组件的位置,即 Ring 节点的位置(因为 Dot 节点是它的子节点),再将触摸点的坐标转换为以 Ring 节点为原点时的相对坐标:

```
1.   let touch = event.getUILocation();
2.   this._touchStartLocation.set(touch.x, touch.y, 0);
3.   if (!this._oriRingPos) {
4.     this._oriRingPos = this.ndRing.getPosition().clone();
5.   }
6.   let touchPos = this.ndRing.getComponent(UITransformComponent)?.convertToNodeSpaceAR
     (this._touchStartLocation) as Vec3;
```

接着,计算触摸起始点相对于 Ring 节点位置的距离,以及 Ring 节点的半径范围:

```
1.   //触摸点与圆圈中心的距离
2.   let distance = touchPos.length();
3.   let width = this.ndRing.getComponent(UITransformComponent)?.contentSize.width as
     number;
4.   //圆圈半径
5.   let radius = width / 2;
```

若触摸起始点相对于 Ring 节点的距离小于 Ring 节点的半径,则让 Dot 节点直接移动到我们触摸的位置,否则不移动(在手指滑动时才移动 Dot 节点的位置,定义在其他部分的回调函数内):

```
1.   if (distance < radius) {
2.     this.ndDot.setPosition(touchPos);
3.   }
4.   至此,_touchStartEvent() 函数的代码如下:
5.   private _touchStartEvent (event: EventTouch) {
6.     this._targetRingPos = null!;
7.
8.     let touch = event.getUILocation();
9.     this._touchStartLocation.set(touch.x, touch.y, 0);
10.    if (!this._oriRingPos) {
11.      this._oriRingPos = this.ndRing.getPosition().clone();
12.    }
13.    let touchPos = this.ndRing.getComponent(UITransformComponent)?.convertToNodeSpaceAR
       (this._touchStartLocation) as Vec3;
14.
15.    //触摸点与圆圈中心的距离
16.    let distance = touchPos.length();
17.    let width = this.ndRing.getComponent(UITransformComponent)?.contentSize.width as number;
18.    //圆圈半径
19.    let radius = width / 2;
20.
21.    if (distance < radius) {
22.      this.ndDot.setPosition(touchPos);
23.    }
24. }
```

2. touchMoveEvent 的实现

按照和刚才类似的逻辑,我们首先获取当前触摸点的位置,并转换为与 Ring 节点的相对坐标:

```
1.   let touch = event.getUILocation();
2.   this._touchMoveLocation.set(touch.x, touch.y, 0);
3.   let touchPos = this.ndRing.getComponent(UITransformComponent)?.convertToNodeSpaceAR
     (this._touchMoveLocation) as Vec3;
```

这里比 touchStart 事件多出对摇杆是否正在被拖动的判断,只有当摇杆移动范围大于我们定义的公开变量 innerSize 时才视为移动:

```
1.    let distance = touchPos.length();
2.    if (distance > this.innerSize) {
3.        this.isMoving = true;
4.    }
```

计算触摸点与 Ring 节点的相对距离,借此判断 Dot 节点是否在 Ring 节点背景的半径范围内:

```
1.    let width = this.ndRing.getComponent(UITransformComponent)?.contentSize.width as number;
2.    let radius = width / 2;
```

若在,则按照 touchStart 事件的处理方式,改变 Dot 节点的位置,否则根据 Ring 节点的半径计算 Dot 节点应该落在圆周上的位置坐标:

```
1.    if (distance < radius) {
2.        this.ndDot.setPosition(touchPos);
3.    } else {
4.        let radian = Math.atan2(touchPos.y, touchPos.x);
5.        let x = Math.cos(radian) * radius;
6.        let y = Math.sin(radian) * radius;
7.        this.ndDot.setPosition(new Vec3(x,y,0));
8.    }
```

至此,_touchMoveEvent() 函数的代码如下:

```
1.    private _touchMoveEvent (event: EventTouch) {
2.        let touch = event.getUILocation();
3.        this._touchMoveLocation.set(touch.x, touch.y, 0);
4.        let touchPos = this.ndRing.getComponent(UITransformComponent)?.convertToNodeSpaceAR
      (this._touchMoveLocation) as Vec3;
5.
6.        let distance = touchPos.length();
7.
8.        if (distance > this.innerSize) {
9.            this.isMoving = true;
10.       }
11.
12.       let width = this.ndRing.getComponent(UITransformComponent)?.contentSize.width as
      number;
13.       let radius = width / 2;
14.
15.       if (distance < radius) {
16.           this.ndDot.setPosition(touchPos);
17.       } else {
18.           let radian = Math.atan2(touchPos.y, touchPos.x);
19.           let x = Math.cos(radian) * radius;
20.           let y = Math.sin(radian) * radius;
21.           this.ndDot.setPosition(new Vec3(x,y,0));
22.       }
23.   }
```

3. touchEndEvent 的实现

对于触摸结束,只需要将 Dot 节点回归原位即可,所以_touchMoveEvent()的代码如下:

```
1.    private _touchEndEvent (event: EventTouch) {
2.      this.isMoving = false;
3.      this.ndDot.setPosition(this._oriDotPos);
4.    }
```

此时,开始演示进入战斗界面,摇杆应该已经具备了与手指触控交互的功能。

4.7.3　根据摇杆移动产生参数

摇杆虽然能够根据玩家的手指触摸产生交互效果,但仍不具备操作主角模型的功能,这会在下一讲实现。但首先,需要通过摇杆移动产生足够多的参数,主要包括摇杆移动的幅度和角度。

摇杆移动的幅度可以通过其拖动的程度去判断,而拖动的角度可以通过触摸点在圆周上位置的弧度判断,这都可以在触摸事件触发时进行。此外,还需要判断其是否较之前产生了变化来影响玩家的移动,比如,摇杆拖动的方向突然与之前反向,则需停止玩家之前的移动,而仅检测拖动的距离无法实现。因此,增加以下变量的声明:

```
1.    private _distanceRate: number = 0;              //摇杆移动的幅度
2.    private _checkInterval: number = 0.04;          //每40ms刷新一次
3.    private _oldAngle: number = 0;                  //之前的角度
4.    private _angle: number = 0;                     //当前的角度
5.
6.    private _currentTime: number = 0;               //当前累积时间
```

同时,定义相应的属性方法:

```
1.    public get distanceRate () {
2.      return this._distanceRate;
3.    }
4.
5.    public get angle () {
6.      return this._angle;
7.    }
8.
9.    public set angle (v: number) {
10.     this._angle = v;
11.   }
```

使用拖动的比例来描述摇杆移动的幅度,在Dot节点没有被拖动时,将_distanceRate的值设置为0,在Dot节点被拖出Ring范围时,将_distanceRate的值设置为1,在Ring范围内拖动时,按照distance与radius的比值计算比例。因此,将touchMoveEvent更改为:

```
1.    private _touchMoveEvent (event: EventTouch) {
2.      let touch = event.getUILocation();
3.      this._touchMoveLocation.set(touch.x, touch.y, 0);
4.      let touchPos = this.ndRing.getComponent(UITransformComponent)?.convertToNodeSpaceAR
      (this._touchMoveLocation) as Vec3;
5.
6.      let distance = touchPos.length();
7.      if (distance > this.innerSize) {
8.        this.isMoving = true;
9.      }
10.
11.     let width = this.ndRing.getComponent(UITransformComponent)?.contentSize.width as
```

```
     number;
12.    let radius = width / 2;
13.    let rate = 0;
14.
15.    if (radius > distance) {
16.      rate = Number((distance / radius).toFixed(3));
17.      this.ndDot.setPosition(touchPos);
18.    } else {
19.      rate = 1;
20.      let radian = Math.atan2(touchPos.y, touchPos.x);
21.      let x = Math.cos(radian) * radius;
22.      let y = Math.sin(radian) * radius;
23.      this.ndDot.setPosition(new Vec3(x, y, 0));
24.    }
25.    this._distanceRate = rate;
26.  }
```

先来实现通过触摸点位置检测摇杆移动角度的函数,通过一个简单的三角函数实现,具体的函数功能可查阅API:

```
1.  private _updateAngle (pos: Vec3) {
2.    this._angle = Math.round(Math.atan2(pos.y, pos.x) * 180 / Math.PI);
3.    return this._angle;
4.  }
```

接着,考虑获取角度的时机。只要Dot节点需要跟随玩家触摸点改变位置的情况,我们都应该计算一次新的触摸角度,因此,在如下位置调用_updateAngle()函数。

(1)onTouchEvent内的如下位置:

```
1.  if (distance < radius) {
2.    this.ndDot.setPosition(touchPos);
3.    this._updateAngle(touchPos);
4.  }
```

(2)onTouchMove内的如下位置:

```
1.  if (radius > distance) {
2.    // rate = Number((distance / radius).toFixed(3));
3.    this.ndDot.setPosition(touchPos);
4.  } else {
5.    let radian = Math.atan2(touchPos.y, touchPos.x);
6.    let x = Math.cos(radian) * radius;
7.    let y = Math.sin(radian) * radius;
8.    this.ndDot.setPosition(new Vec3(x, y, 0));
9.  }
10. this._updateAngle(touchPos);
```

最后,每隔一段时间就在update函数内检测角度是否有变化,只有在isMoving判断玩家正在进行移动操作时才更新角度。因此,在update函数内增加如下代码:

```
1.  if (this._currentTime >= this._checkInterval) {
2.    this._currentTime = 0;
3.
4.    if (this.isMoving) {
5.      if (this.angle !== this._oldAngle) {
6.        this._oldAngle = this.angle;
7.      }
```

```
8.     }
9.  }
```

如果想看到效果,可以在 update 函数中增加"console. log(this. _ distanceRate);"和
"console. log(this._angle);"两句代码查看获得的参数。

4.7.4　刚体移动的控制

玩家模型已经就位,但它尚不能移动。我们需要让模型能够针对一个输入———一般是
一个需要移动的方向向量,做出真正的移动动作。这需要用到 Cocos Creator 内置的物理系
统,尤其是刚体组件。图 4.14 展示了 characterRigid. ts 脚本逻辑。

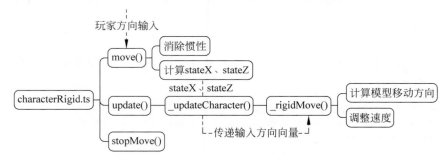

图 4.14　characterRigid. ts 脚本逻辑

刚体是组成物理世界的基本对象,它可以使游戏对象的运动方式受物理控制。我们导
入的玩家模型已经添加了刚体组件,否则需要选中玩家预制体模型的根节点 player01,单击
属性检查其底部的"添加组件"→Physics→RigidBody 在节点上添加。

默认添加的刚体组件的 Type 属性会被设为 Dynamic 类型,该类型会受到重力的影响。
目前 3D 刚体类型包括 DYNAMIC、KINEMATIC 和 STATIC 三种,每一种类型都有对应
的特点(见图 4.15 及表 4.2)。

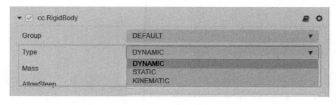

图 4.15　刚体类型

表 4.2　刚体组件类型

刚体类型	描　　述
STATIC	静态刚体;可用于描述静止的建筑物。若物体需要持续运动,则应设置为 Kinematic 类型
DYNAMIC	运动学刚体;能够受到力的作用。需根据物理规律来操作物体,并且保证其质量大于 0
KINEMATIC	表示运动学刚体;通常用于表达电梯这类平台运动的物体,需通过 Transform 控制物体的运动

在 script/fight 文件夹下新建 characterRigid 脚本,并挂载到预制体根节点 player01
上。这之后在脚本中声明以下变量和属性,并赋予初始值:

```
1.  import { Constant } from '../framework/constant';
2.  import { _decorator, Component, Vec3, RigidBodyComponent} from 'cc';
3.  const { ccclass, property } = _decorator;
4.  const v3_0 = new Vec3();              // 模型接收输入向量后的移动方向
5.  const v3_1 = new Vec3();              // 模型原本的移动方向
6.
7.  @ccclass('characterRigid')
8.  export class characterRigid extends Component {
9.
10.    private _rigidBody: RigidBodyComponent = null!;
11.    private _curMaxSpeed: number = 10;        //当前最大速度
12.    private _prevAngleY: number = 0;          //之前的 Y 角度值
13.
14.    protected _stateX: number = 0;            // 1 positive, 0 static, −1 negative
15.    protected _stateZ: number = 0;
16.
17.    onLoad () {
18.      this._rigidBody = this.getComponent(RigidBodyComponent)!;
19.    }
20.
21.    start() {
22.      this._prevAngleY = this.node.eulerAngles.y;
23.    }
24.  }
```

characterRigid 的主体是接收输入方向向量和移动速度的 rigidMove() 函数，下面我们将实现其功能。首先，对该函数进行声明：

```
1.  public rigidMove (dir: Vec3, speed: number) {
2.  }
```

我们获取模型刚体原本的速度向量方向，与新的输入向量方向 dir 进行向量加法，再乘以输入的速度值 speed，就得到了具有大小和方向的新的方向向量。对这个向量取模，就得到了其大小：

```
1.  this._rigidBody.getLinearVelocity(v3_1);
2.  Vec3.scaleAndAdd(v3_1, v3_1, dir, speed);
3.  const len = v3_1.lengthSqr();
```

然后，将新的方向向量大小与之前声明的最大速度比较，若其超出最大移动速度，则限定其为最大速度。这之中，若超出最大移动速度且模型移动方向与原本方向有 10°以上的差距，则模型只能获得最大移动速度一半的速度值，通过将 ratio 修改为 2 实现：

```
1.  let ratio = 1;
2.  const ms = this._curMaxSpeed;
3.  if (len > ms) {
4.    if (Math.abs(this.node.eulerAngles.y − this._prevAngleY) >= 10) {
5.      ratio = 2;
6.    }
7.    v3_1.normalize();
8.    v3_1.multiplyScalar(ms / ratio);
9.
10.   this._prevAngleY = this.node.eulerAngles.y;
11. }
```

最后，为刚体设定新的速度向量：

```
1.    this._rigidBody.setLinearVelocity(v3_1);
```

至此,rigidMove()函数的内容如下:

```
1.    public rigidMove (dir: Vec3, speed: number) {
2.      this._rigidBody.getLinearVelocity(v3_1);
3.      Vec3.scaleAndAdd(v3_1, v3_1, dir, speed);
4.      const len = v3_1.lengthSqr();
5.
6.      let ratio = 1;
7.      const ms = this._curMaxSpeed;
8.      if (len > ms) {
9.        if (Math.abs(this.node.eulerAngles.y - this._prevAngleY) >= 10) {
10.         ratio = 2;
11.       }
12.       v3_1.normalize();
13.       v3_1.multiplyScalar(ms / ratio);
14.
15.       this._prevAngleY = this.node.eulerAngles.y;
16.     }
17.
18.     this._rigidBody.setLinearVelocity(v3_1);
19.   }
```

目前我们已经可以根据一个向量输入来修改刚体的移动方向,而这个向量也需要在
characterRigid 脚本进行计算,它由我们之前声明的_stateX 和_stateZ 共同组成。我们定义
更新_stateX 和_stateZ 的函数 move(),只要在 update()函数中调用,就可以不断获取我们
指定的输入向量。同时,当输入向量方向与之前的输入方向相反时,要让模型立刻停下,否
则就会出现惯性,这是对操作手感的优化。因此,move()函数的内容如下:

```
1.    public move (x: number, z: number) {
2.      if ((x > 0 && this._stateX < 0) || (x < 0 && this._stateX > 0) || (z > 0 && this._stateZ <
         0) || (z < 0 && this._stateZ > 0)) {
3.        this._rigidBody.clearVelocity();
4.        // 当前跟之前方向不一致则清除速度,避免惯性太大
5.      }
6.
7.      this._stateX = x;
8.      this._stateZ = z;
9.    }
```

此外,预留让模型停下的函数接口,供以后调用:

```
1.    public stopMove () {
2.      this._stateX = 0;
3.      this._stateZ = 0;
4.      this._rigidBody.clearVelocity();
5.    }
```

最后,通过输入坐标_stateX 和_stateZ,调用 rigidMove()函数修改刚体速度,并在
update()函数中调用。这样,只要我们在脚本外调用 move()函数修改坐标值,就可以控制
模型进行移动:

```
1.    private _updateCharacter (dt: number) {
2.      if (this._stateX || this._stateZ) {
3.        v3_0.set(this._stateX, 0, this._stateZ);
```

```
4.         v3_0.normalize().negative();
5.         this.rigidMove(v3_0, 1);
6.     }
7.   }
8.
9.   update (dtS: number) {
10.    const dt = 1000 / Constant.GAME_FRAME;
11.    this._updateCharacter(dt);
12.  }
```

4.7.5　玩家移动的控制

可交互的摇杆和可移动的模型都已就位,本讲我们来将二者连接,将玩家触控摇杆的输入转换成所要进行的操作,再通过这些操作控制模型移动。下面,我们来完成 player.ts 中关于玩家移动行为的内容。

我们在挂载于预制体根节点 player01 上、实际执行主角操控的 player.ts 脚本中调用刚刚实现的刚体移动功能。之所以这样做,是因为通过刚体操作模型移动只是主角操作功能的一部分,这之外还包括角色旋转、角色技能,并根据不同的操作播放相应骨骼动画。因此我们分开实现。

首先,导入依赖库,声明必要的变量和属性:

```
1.   import { _decorator, Component, Node, Vec3, RigidBodyComponent, macro } from 'cc';
2.   import { Constant } from '../framework/constant';
3.   import { characterRigid } from './characterRigid';
4.   import { playerModel } from './playerModel';
5.   const { ccclass, property } = _decorator;
6.
7.   @ccclass('player')
8.   export class player extends Component {
9.     @property(playerModel)
10.    public scriptPlayerModel: playerModel = null!;        //玩家动画组件播放脚本
11.
12.    @property(RigidBodyComponent)
13.    public rigidComPlayer: RigidBodyComponent = null!;
14.
15.    public scriptCharacterRigid: characterRigid = null!;
16.    private _horizontal: number = 0;                       //水平移动距离
17.    private _vertical: number = 0;                         //垂直移动距离
18.    private _rotateDirection: Vec3 = new Vec3();           //旋转方向
19.
20.    public isMoving: boolean = false;                      //玩家是否正在移动
21.    public _curMoveSpeed: number = 10;                     //当前玩家移动速度
22.    public set curMoveSpeed (v: number) {
23.      this._curMoveSpeed = v;
24.      this.scriptCharacterRigid.initSpeed(v);
25.    }
26.    public get curMoveSpeed () {
27.      return this._curMoveSpeed;
28.    }
29.  }
```

在玩家模型刚刚导入场景后,我们获取模型预制体上的 characterRigid 脚本,并初始化玩家运动状态。因此,将 init()函数修改为如下内容:

```
1.  public init() {
2.    this.isMoving = false;
3.    this.scriptCharacterRigid = this.node.getComponent(characterRigid) as characterRigid;
4.    // 以上两行是新添加的代码
5.
6.    this.scriptPlayerModel.playAni(Constant.PLAYER_ANI_TYPE.IDLE, true);
7.    this.scriptPlayerModel.init();
8.  }
```

将 4.7.4 节实现的 move() 函数接收到的两个轴的值作为输入,在 player 脚本中通过摇杆提供的 angle 参数生成这两个需要传入的值。同时,当玩家停止行为时,清空这两个值。因此,添加如下函数,对玩家行为做出反应:

```
1.  public playAction (obj: any) {
2.    switch (obj.action) {
3.      case Constant.PLAYER_ACTION.MOVE:
4.        let angle = obj.value + 135;
5.        let radian = angle * macro.RAD;
6.        this._horizontal = Math.round(Math.cos(radian) * 1);
7.        this._vertical = Math.round(Math.sin(radian) * 1);
8.        this.isMoving = true;
9.        break;
10.     case Constant.PLAYER_ACTION.STOP_MOVE:
11.       this._horizontal = 0;
12.       this._vertical = 0;
13.       this.isMoving = false;
14.       this.scriptCharacterRigid.stopMove();
15.       break;
16.     default:
17.       break;
18.   }
19. }
```

最后,根据_horizontal 和_vertical 的值,在 update() 函数中跨脚本调用 move() 函数控制模型移动:

```
1.  update(deltaTime: number) {
2.    if (this._horizontal !== 0 || this._vertical !== 0) {
3.      //计算出旋转角度
4.      this._rotateDirection.set(this._horizontal, 0, - this._vertical);
5.      this._rotateDirection.normalize();
6.    }
7.
8.    if (!this.isMoving) {
9.      return;
10.   }
11.
12.   this.scriptCharacterRigid.move(this._rotateDirection.x * this.curMoveSpeed * 0.5 * deltaTime, this._rotateDirection.z * this.curMoveSpeed * 0.5 * deltaTime);
13. }
```

4.7.6 通过摇杆交互传入参数

回到之前实现的摇杆交互脚本 joystick.ts,我们最后预留了 angle 和 distanceRate 两个参数,是时候把它们传入 player. ts 中了。去掉 Debug 这两个参数的内容,修改 update 内的脚本如下:

```
1.  update(deltaTime: number) {
2.    this._currentTime += deltaTime;
3.
4.    if (this._currentTime >= this._checkInterval) {
5.      this._currentTime = 0;
6.
7.      if (this.isMoving) {
8.        if (this.angle !== this._oldAngle) {
9.          this._oldAngle = this.angle;
10.         GameManager.scriptPlayer.playAction({action: Constant.PLAYER_ACTION.MOVE, value:
     this.angle});
11.        }
12.      } else {
13.        this.isMoving = false;
14.        if (GameManager.scriptPlayer.isMoving) {
15.          GameManager.scriptPlayer.playAction({action: Constant.PLAYER_ACTION.STOP_MOVE});
16.        }
17.      }
18.    }
19.  }
```

很明显,我们以之前更新摇杆参数同样的频率判断玩家应该进行的行为,跨脚本修改移动参数。至此,开始演示,玩家模型应该可以在场景中跟随摇杆交互移动了,只是它仍然很不自然,因为它缺少了方向的旋转和动画的播放。

在玩家进行移动行为时播放移动动画,移动行为通过_horizontal 和_vertical 的值判断。同时,在玩家停止移动时,回到 idle 状态,因此对 player. ts 脚本内容做如下修改:

```
1.  update(deltaTime: number) {
2.    if (this._horizontal !== 0 || this._vertical !== 0) {
3.      //计算出旋转角度
4.      this._rotateDirection.set(this._horizontal, 0, - this._vertical);
5.      this._rotateDirection.normalize();
6.
7.      if (!this.isMoving) {
8.        return;
9.      }
10.
11.     this.scriptCharacterRigid.move(this._rotateDirection.x * this.curMoveSpeed * 0.5
     * deltaTime, this._rotateDirection.z *. this.curMoveSpeed * 0.5 * deltaTime);
12.
13.     if (!this.scriptPlayerModel.isRunning) {
14.       this.scriptPlayerModel.playAni(Constant.PLAYER_ANI_TYPE.RUN, true);
15.     }
16.   }else{
17.     this.scriptPlayerModel.playAni(Constant.PLAYER_ANI_TYPE.IDLE, true);
18.     if (!this.scriptPlayerModel.isIdle && !this.scriptPlayerModel.isAttacking) {
19.       this.scriptPlayerModel.playAni(Constant.PLAYER_ANI_TYPE.IDLE, true);
20.       this.scriptCharacterRigid.stopMove();
21.     }
22.   }
23.  }
```

　　此时尝试演示,可以看到玩家模型已经可以在移动和停止时播放正确的骨骼动画,只是仍未根据移动方向处于正确朝向。

　　要想表示一个物体的方向,除了像之前一样用_horizontal 和_vertical 表示方向向量外,还可以用特定表示旋转的四元数与欧拉角。在属性编辑器内的 Rotation 属性,我们所看到的三个参数就是欧拉角的元素,分别表示物体沿三个旋转轴旋转的角度。因此,想要使玩家模型根据摇杆操作朝向正确的方位,需要先把之前的方向向量转换为欧拉角。

　　先补充声明如下与旋转相关的变量:

```
1.   let qt_0 = new Quat();
2.   let v3_0 = new Vec3();
3.
4.   @ccclass('player')
5.   export class player extends Component {
6.     //之前声明的变量
7.
8.     //其他已实现的函数
9.   }
```

接着,在 update()函数内,玩家移动的代码后,补充下列代码:

```
1.   // 计算移动方向的欧拉角
2.   Quat.fromViewUp(qt_0, this._rotateDirection);
3.   Quat.toEuler(v3_0, qt_0);
4.   v3_0.y = v3_0.y < 0 ? v3_0.y + 360 : v3_0.y;
5.
6.   // 修改玩家方位
7.   this.node.eulerAngles = v3_0;
8.   //至此,update()函数的内容如下:
9.   update(deltaTime: number) {
10.    if (this._horizontal !== 0 || this._vertical !== 0) {
11.      //计算出旋转角度
12.      this._rotateDirection.set(this._horizontal, 0, - this._vertical);
13.      this._rotateDirection.normalize();
14.
15.      if (!this.isMoving) {
16.        return;
17.      }
18.
19.      this.scriptCharacterRigid.move(this._rotateDirection.x * this.curMoveSpeed * 0.5
     * deltaTime, this._rotateDirection.z * this.curMoveSpeed * 0.5 * deltaTime);
20.
21.      if (!this.scriptPlayerModel.isRunning) {
22.        this.scriptPlayerModel.playAni(Constant.PLAYER_ANI_TYPE.RUN, true);
23.      }
24.
25.      // 计算移动方向的欧拉角
26.      Quat.fromViewUp(qt_0, this._rotateDirection);
27.      Quat.toEuler(v3_0, qt_0);
28.      v3_0.y = v3_0.y < 0 ? v3_0.y + 360 : v3_0.y;
29.
30.      // 修改玩家方位
31.      this.node.eulerAngles = v3_0;
32.    }else{
33.      this.scriptPlayerModel.playAni(Constant.PLAYER_ANI_TYPE.IDLE, true);
34.      if (!this.scriptPlayerModel.isIdle && !this.scriptPlayerModel.isAttacking) {
35.        this.scriptPlayerModel.playAni(Constant.PLAYER_ANI_TYPE.IDLE, true);
```

```
36.          this.scriptCharacterRigid.stopMove();
37.      }
38.  }
39. }
```

开始演示,玩家模型应该已经可以跟随摇杆交互正常奔跑和旋转。

作为本节的总结,图 4.16 的流程图总结了到目前为止的玩家控制系统,其中红色矩形框标记了本节新增的功能,红色序号标记了关键环节的触发顺序。

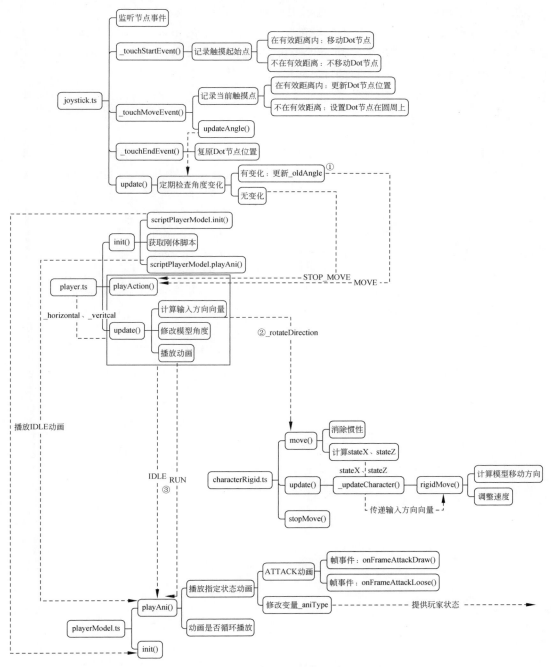

图 4.16 玩家控制逻辑汇总

观看视频

4.8 小结

本章重点介绍除图像以外的其他 VR 系统的输入方式,包括键盘、语音、体感、眼神等。通过将这些方式配合图像,作为 VR 系统的输入,VR 系统就能更好地了解所处的真实世界,更有效地获取用户意图。第 3 章的图像输入可以说主要服务于真实世界的理解,而本章所介绍的多模态输入更多是在 VR 系统与用户交互过程中所用到的方式。

实践部分完成了 player.ts 中的移动功能,它被与玩家交互的 joystic.ts 脚本调用修改移动参数,再将这些参数传入到 characterRigid.ts 脚本中控制玩家移动,并通过 playerModel.ts 播放相应的骨骼动画,至此角色控制系统已初具规模。

习题

1. 简述在之前的其他应用场景下(不局限于 VR),利用多种模态进行指令输入的体验。

2. 在 VR 和 AR 环境下尝试已有的键盘输入、语音输入等方式,评价用户体验,找出不足。

3. 评价各种模态在 VR 场景下的应用价值,以及不同模态组合的互补性。

4. 分析在移动(手机、平板电脑)平台上可以采用的多模态感知技术。

5. 思考是否有现在尚未普及的交互模态,可以应用于 VR 应用的场景中。

多模态反馈技术

5.1　多模态反馈技术概述

传统的 VR 系统的反馈输出主要基于视频和音频的方式。随着智能技术和计算能力的迅猛发展,基于听觉、嗅觉、触觉、味觉等多模态融合输出成为新一代 VR 技术的重要优势,也代表着未来的发展趋势。融合视觉、听觉、触觉、嗅觉甚至味觉的多模态反馈方式,其信息表达效率和用户沉浸感都优于单一的视觉或者听觉模式。多模态感官与单一模态感官不同,这意味着两种或更多种感觉对刺激做出反应。这种多感官联合被称为通感,通感是一种神经学现象,指一种感觉形态刺激引起另一种感觉形态,从而产生感官互通的现象,文学记录最早见诸 1880 年《自然》杂志的一篇论文中,中国文化中的望梅止渴、画饼充饥等故事描述的也是这一现象。通感现象的存在,可以指导 VR 系统实现更具沉浸感的用户体验。在视觉反馈之外,其他模态的反馈,包括听觉、触觉、嗅觉、味觉,能够增强其他模态的感受,进而提供更真实的用户体验。

5.2　听觉

观看视频

音频 VR 作为 VR 的组成部分和延伸,通常指的是真实空间的声音和预置的音频实时融合的技术。有研究表明,在 VR 场景下提供 3D 立体声效将提高用户对深度的感知能力,进而提高任务的完成效率。需要注意的是,音频 VR 在大多数情况下不能完全隔绝外界声音,即不能和真实世界相隔离。而构建和真实世界紧密结合的声音,就需要考虑地理位置,即人和周围 3D 空间的位置关系。

5.2.1　听觉机制

人的耳朵包括外耳、中耳与内耳(见图 5.1)。具体而言,各部分的结构与功能在于:

(1) 外耳包括耳廓和耳道。耳廓收集和过滤声音到耳道。耳道负责传导声音。

(2) 中耳包括耳膜和听小骨。耳膜,也叫鼓膜,将声音转换为机械振动。三块听小骨,也叫听骨链,包括锤骨、砧骨和镫骨,将振动传递到内耳。

(3) 内耳,包括耳蜗、听觉神经和前庭系统。耳蜗充满液体和非常敏感的毛状细胞。当受到声音刺激时,这些纤小的毛状细胞也开始运动。听觉神经连通耳蜗和大脑。前庭系统充满着控制人体平衡的细胞。

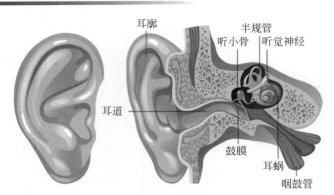

图 5.1　耳朵结构示意图

内耳外淋巴的振动引起膜蜗管中内淋巴、基底膜的振动,从而使螺旋器上的毛状细胞兴奋。螺旋器和其中所含的毛状细胞是真正的声音感受装置,听觉神经纤维就分布在毛状细胞下方的基底膜中;机械能最后在这里转变成神经冲动,即毛状细胞的兴奋引起听觉神经纤维产生冲动,并经听觉神经纤维传到皮层的听觉神经中枢,从而引起听觉。此外,当鼓膜振动时,由中耳鼓室内的空气振动椭圆窗也可引起基底膜振动,但这一传导途径正常情况下并不重要,只在听小骨损坏时才显示出其作用。

自然界发出的声音是在真实的 3D 世界传播,所以是立体声。因为立体声的效果,人可以根据两个耳朵的声音输入,判断声源的方位。例如,从人左前方的声源发出的声音,首先传到左耳,然后才传到右耳;同时,传向右耳的声音有一部分会被头部反射,因而右耳听到的声音强度比左耳小。人的大脑能够准确捕获两只耳朵对声音强度的微小差别,进而形成对声源方位的判断。

5.2.2　VR 系统中的声音输出

VR 中高真实感的音频输出依赖于立体声道。为了实现立体声,我们一般需要多通道的声音输出设备,既有头戴式的,又有安装在 3D 空间的。在常见的手机、平板电脑和 VR 眼镜中,受限于硬件设备的尺寸,一般只有单声道。所有的声音都从一个扬声器放出来,也就缺少了这种立体感。换句话说,用现有的单声道手机想要实现高真实感的立体声是比较困难的。具体来说,一个高质量的音频 VR 系统需要三个组件:基础硬件、嵌入式软件和智能音频增强算法。

(1)基础硬件包括传感器和麦克风阵列。如惯性传感单元 IMU 和其他的头部追踪设备,用于实时跟踪头部的位置和方向。如果是头显,那么所有这些设备的装配都是在一个非常有限的空间内进行的,还要考虑到功耗低、重量轻等设计要求。

(2)嵌入式软件。嵌入式软件的作用主要是负责和硬件之间的通信,这些指令包括收集、处理、分析和传输信息,特别是控制麦克风阵列的各通道声音输出。

(3)智能音频增强算法。智能音频增强算法根据 VR 中的场景和交互的需要,计算特定的立体声效果所需的麦克风阵列的各通道声音输出,然后传输给嵌入式软件,用于驱动麦克风阵列。

为了实现立体声的感觉,我们要深入研究头部相关传输函数(Head Related Transfer Function,HRTF)(见图 5.2)。这个函数将人的头部看作声波传输过程中经过的一个滤波器,描述了人的生理结构(包括头、耳廓)对声波进行综合滤波的结果。为了实现 VR 中的立

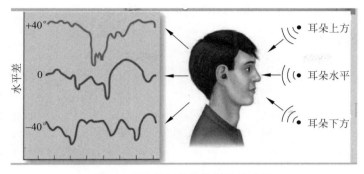

图 5.2　头部相关传输函数示意图

体感声音输出,需要对这个 HRTF 函数进行建模,才能合成在左右两耳感官正确的声波。

　　研究人员曾在一个户外公园场景,让参与者利用头戴式显示器进行声源寻找和自由探索两个任务。研究考虑了三种音频渲染条件:一种简单的二维立体平移、一种典型的头部相关传输函数,以及一种个性化的头部相关传输函数渲染。研究表明,在产生高质量的声音渲染的条件下,用户对于视觉画面的关注程度降低了。

　　最近一项研究的核心思想是用一种新颖的反向材料优化算法来估计房间的声学特性(见图 5.3),并证明它能够有效地模拟材料对声音的衰变行为。这项研究允许在场景中添加新声源,例如一个与人交流的虚拟人物,并通过分析房间内物体材料对声音的衰变,更真实地产生叠加后的声音效果。类似于用真实感光线渲染新物体的视觉再现例子,这项研究可以在任何有声音的普通视频中进行录音/制作,并应用于 VR 的体验。

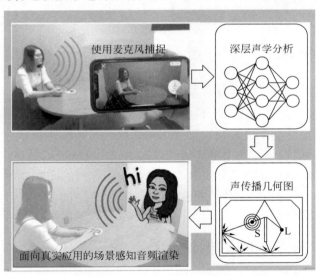

图 5.3　基于反向材料优化算法估计的房间声效渲染和分析

5.3　触觉

　　触觉是实现高真实感 VR 的重要感官之一。设想两位好友分别身处北京和厦门,通过 VR 的技术进行远程会面,当需要握手时,如果仅有视觉上的虚拟图像反馈,而缺少了握手的

观看视频

触觉反馈,那么真实感将大打折扣。本节,我们将探讨在 VR 中实现触觉反馈的技术。

5.3.1　触觉机制

触觉是指分布于全身皮肤上的神经细胞接受来自外界的温度、湿度、压力、振动等方面的感觉。正常情况下,生物的触觉感受器(见图 5.4)是遍布全身的,像人的皮肤,依靠表皮的游离神经末梢能感受温度、痛觉、触觉等多种感觉。正常皮肤内分布有感觉神经及运动神经,它们的神经末梢和特殊感受器广泛地分布在表皮、真皮及皮下组织内,以感知体内外的各种刺激,引起相应的神经反射,维持机体的健康。皮肤表面散布触点,触点的大小是不同的,有的直径可以达到 0.5mm;其分布也不规则,一般指腹处最多,其次是头部,而小腿及背部最少。

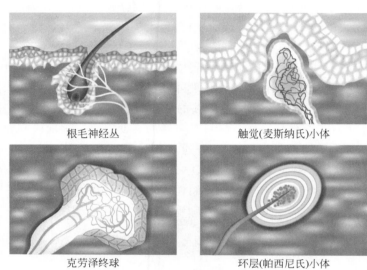

根毛神经丛　　　　　　　　　　触觉(麦斯纳氏)小体

克劳泽终球　　　　　　　　　　环层(帕西尼氏)小体

图 5.4　皮肤上的触觉感受器

触觉是动物重要的定位手段。大量的生物学实验表明了触觉在生物生命活动中的重要性,例如被剪掉胡须的猫会失去对洞穴尺寸的感知能力。人体表面皮肤中已鉴定为皮肤感觉感受器的有 4 种触觉小体以及毛根游离神经末梢。压觉感受器帕氏小体也存在于皮下各组织里。对于人来说,构成触(压)觉刺激的为身体表面压力的梯度,所以尖端的接触特别有效(尖端接触面积为 0.5 平方毫米时,触觉阈值最小)。另外也可以证明,逐渐加压或者长时间的刺激会导致感觉减弱。

5.3.2　VR 系统中的触觉输出

触觉是 VR 系统中的关键反馈通道。过去已经探索了几种将触觉反馈集成到 VR 系统中的方法。在许多情况下,触觉反馈系统是用户界面控件的一部分,例如操纵杆或机械跟踪系统中的集成力反馈或游戏手柄中的振动反馈。另外,还开发了可穿戴系统,例如震动背心、震动耳机和力反馈外骨骼,从而能够向用户提供触觉信息。

Phantom 触觉界面可在用户指尖位置施加精确控制的力反馈。该设备能使用户与各种各样的虚拟对象进行交互并感受到它们,还可以用于控制远程操纵器。此前芬兰的一家公司 Senseg 推出了一款新的触控屏。该触控屏通过屏幕表面的静电场模拟手指和屏幕间的各种不同摩擦,让用户产生不同的材质纹理感觉,包括碎石、包装材料、砂纸等。该触控屏的反馈不依赖任何运动部件,与由触碰引发设备震动的传统方式有很大不同。

使用触觉反馈设备可以改善聋哑人士和听力障碍人士的 VR 体验(见图 5.5)。这类人可以用自己的骨骼和肌肉感受到声波(音频低音波)。此外,一些研究表明,人们可以用肌肉和面部感觉到声音和触觉提示。

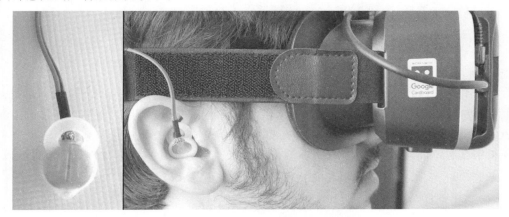

图 5.5 面向聋哑人士和听力障碍人士提供的面部触觉反馈设备

触觉直接影响用户与物体交互的舒适感,帮助用户在与物体交互时调整握力或感知周围环境和物体,避免危害健康。现有研究表明,皮肤不具有独立的湿度感应器。皮肤对湿度的感应来自温度、压力和材质等多种感官。研究人员设计了原型 Mouillé;当用户挤压、提起或刮擦它时,它可以在指尖上分别为硬质和软质物品提供不同程度的湿度感觉(见图 5.6)。

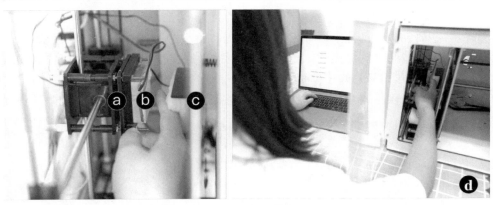

图 5.6 湿度感觉调节机器 Mouillé

AIREAL 是一种新颖的触觉技术(见图 5.7),可在自由空气中提供有效且富有表现力的触感,无须用户佩戴物理设备。结合交互式计算机图形,AIREAL 使用户可以感觉到虚拟 3D 对象,体验自由的空气纹理并接收到在自由空间中使用的手势所带来的触觉反馈。AIREAL 依靠柔性喷嘴引导产生空气涡流,提供具有 75°视场的有效触觉反馈,并且在 1 米处的分辨率为 8.5 厘米。AIREAL 是一种可扩展、廉价且实用的免费无线触觉技术,可用于多种应用程序,包括游戏、移动应用程序以及手势交互等。

图 5.7　虚拟 3D 感应技术 AIREAL

UltraHaptics 系统旨在提供交互式表面上方的多点触觉反馈(见图 5.8)。UltraHaptics 采用聚焦超声波,通过显示屏将触觉反馈的离散点投射到用户的手上。研究者研究了超声波聚焦的理想特性,能够在空中建立多个局部的反馈点。用户实验表明,该系统可以以较小的间距识别具有不同触觉特性的反馈点,用户可以通过训练区分非接触点的不同振动频率。

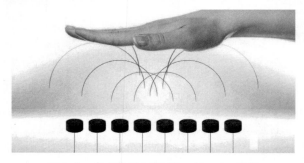

图 5.8　多点触觉反馈 UltraHaptics 系统

另外,一些研究人员设计了一种手套,在手指和手掌上装有 5 个可膨胀气囊、2 个温度室以及气动和热控制系统(见图 5.9)。该系统通过将室温空气与热室和冷室空气混合,可以实现不同强度的热信号。除了模拟不同温度下的虚拟物体外,还可以模拟手与物体接触时的热瞬态过程,提供不同材料抓取物体时的热感觉,支持虚拟物体中用户的物质识别。

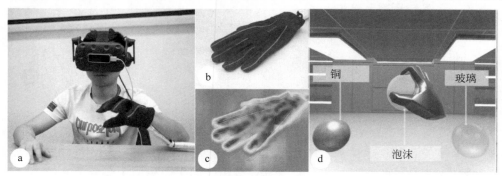

图 5.9　提供温度反馈的手套原型以及效果示意

一项研究还为精确的输入交互提供了指尖上的力反馈,研究者将用户的手指与他们的身体连接起来,用一个绳子作为手指运动的约束,从而获得物理支持。当触摸到绳子的最大延伸端点时,用户在手指上感知到物理支持,此时物理支持为触摸交互提供稳定输入和触觉指导(见图 5.10)。这种力反馈可以帮助用户在静态和移动的情况下进行精确的触摸交互(例如走路),它还可以告诉用户已经到达并单击了空中目标。这项工作的最终目标是在混合现实的移动环境中支持精确的触摸输入选择。

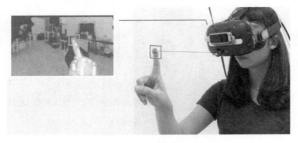

图 5.10　精确的指尖力反馈交互

最近还有一项研究提出了一种易于复制的手套系统,能够可靠地实现高真实感的抓取手势,同时提供了触觉反馈。该设计方案由 15 个惯性传感单元和 Vive 跟踪器进行手势定位和跟踪,同时基于物理仿真进行检测碰撞,获取抓取虚拟对象的接触点,并触发震动电机以提供触觉反馈,提供虚拟世界中的碰撞事件,如图 5.11 所示。

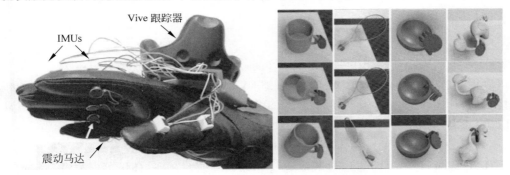

图 5.11　高真实感的抓取手势及触觉反馈

5.4　嗅觉

嗅觉对 VR 的体验有着非常重要的作用。嗅觉是人类和动物用来全面了解其环境的最重要的感觉通道之一。不同的气味与人类的生理、行为和心理变化有关,这些变化与嗅觉记忆有关。通过刺激人的嗅觉,可以使人对虚拟世界的感受变得更加真实。

5.4.1　嗅觉机制

人类鼻子由左右两个鼻腔组成,这两个鼻腔通过鼻孔与外界相通,左右两个鼻孔由鼻中隔隔开(见图 5.12)。整个鼻腔内壁以及鼻中隔表面都覆盖着黏膜,这些黏膜就是接受嗅觉刺激的重要生物组织。嗅觉感受器位于鼻腔顶部,叫作嗅黏膜,这里的嗅细胞受到某些挥发性物质的刺激就会产生神经冲动,冲动沿嗅神经传入大脑皮层而引起嗅觉。它们所处的位置不是呼吸气体流通的通路,而是被鼻甲的隆起保护着。带有气味的空气只能以回旋式的

观看视频

气流接触到嗅觉感受器,嗅觉是由物体发散在空气中的物质微粒作用于鼻腔上的感受细胞而引起的。

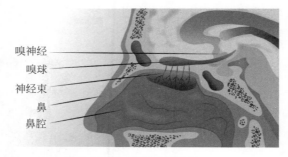

图 5.12 鼻子结构示意图

嗅觉由位于嗅觉细胞树突末端的嗅觉纤毛所接受,然后传送到细胞质,接着到达神经元的输出延伸物——轴突。轴突会穿越筛骨板与前脑叶下侧的两个嗅球会合,嗅球本身通过嗅脚与大脑相连;嗅神经就是在此开始分支,往内嗅中枢和外嗅中枢分布,直到大脑的嗅觉区里。真实世界中大约有 40 万种气味,人的鼻子可以识别大约 1 万种气味。

5.4.2　VR 系统中的嗅觉输出

迄今为止,相比视觉和听觉,嗅觉没有很好的数字化呈现。例如,打开一个美食节目,我们还是只能看到画面和听到声音,至于最重要的气味,我们却感受不到。为什么?事实上,难点在于嗅觉和视听觉的作用机制是不一样的。视觉和听觉依靠的是对电磁波和声波的反应,可以很容易地用能量激发出光和声,但是嗅觉、触觉和味觉依靠的是与真实物质接触。相对来说触觉还好,是与宏观物质的机械作用,而嗅觉和味觉则需要与分子层级的化学物质相互作用才能感知到。

如果要实现 VR 中的嗅觉体验,常见的方法是像打印机的墨盒一样,先将气味对应的化学物质储存起来,待产生时再通过气流鼓吹等方式释放。在释放时,可以通过一定比例混合、控制释放的强度与速度等参数,从而模拟出不同的味道。这时,一台嗅觉发生设备更接近于一瓶可以释放出各种气味的香水瓶子。研究人员也制造过一种接近鼻子的嗅觉显示器,它可以通过一种轻便、时尚的日常穿戴设备(见图 5.13),缩短气味传递距离,直接将气味释放到佩戴者的鼻子上。

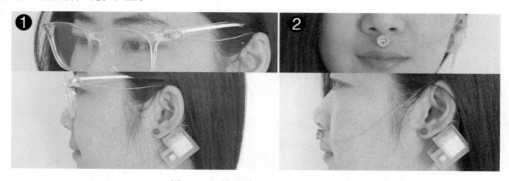

图 5.13 接近鼻子的嗅觉显示器

人类最多能辨别一万种气味,但通常闻到的气味也只有几百种。目前市面上在做嗅觉传递方面的公司大多都是通过某种设备,事先在该设备中保存了几百种气味,把感受到的气味转化为电信号,然后传递到储存气味的盒子中,再释放相似的气味。有一款产品叫Feelreal,它就包含所谓的"气味生成器",其中包含9个独立芳香胶囊的可更换墨盒,如烧焦橡胶味、火药味、薰衣草味和薄荷味。不过,开发商计划提供多达255种味道以支持用户自行混搭和匹配。最近的一项研究还使用了流体动力学原理来计算制备虚拟的嗅觉环境。使用微型分布器和表面声波设备组成可穿戴式嗅觉发生器(见图5.14),可穿戴式嗅觉发生器安装在头显下方,可迅速散发气味。

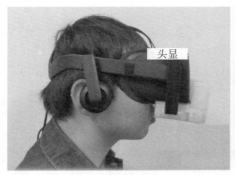

头显

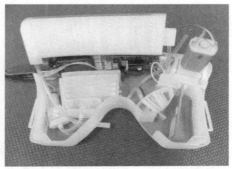

(a) 可穿戴嗅觉发生装置　　　　　　(b) 嗅觉发生装置内部结构示意图

图 5.14　可穿戴的嗅觉显示器

对于电影来说,在剧情出现适合的气味时,带有香味的电影就可以控制观众对场景的印象。带有气味的游戏则能增强用户与游戏中的互动性。2013年4月1日,谷歌推出了Google Nose。通过该功能,用户可以搜索气味,谷歌通过搜索则将数据库中的气味通过设备释放出来。例如,用户搜索"四川大熊猫",就可以闻到大熊猫的味道。然而这只是谷歌在愚人节开的一个小玩笑。然而,很多公司和研究人员正在将这个看似无厘头的玩笑变成真正的现实生活,例如,1960年上映的第一部结合气味来讲述故事情节的电影 Scent of Mystery、允许一般用户自行制作的气味发生面罩 Synesthesia Mask(见图5.15)、与智能手机结合的气味发生装置 Scentee、可穿戴的个性化气体发生装置 eScent 等。嗅觉提示对带有硬件远程气味设备 Scentee 的移动设备上数字图像的情感感知有一定的影响。初步结果表明,气味的添加显著调节了人类对图像的情感感知。

图 5.15　气味发生面罩 Synesthesia Mask

这种气味释放的方案优点是技术难度相对较低,大众接受度与安全性都很高。缺点是需要隔段时间就给气味盒添加气味,局限性也很大,如很难准确地把闻到的一种特定的味道分享给他人。而且设备体积不够小巧,只能在实验室或者电影院中当作体验项目。另外一种方法是直接通过脑机接口技术,将电信号激励设备与大脑对应的嗅觉区域神经相连接,依靠设备刺激大脑皮层中相应的嗅觉中枢,从而产生嗅觉。这种方式可以把嗅觉数字化,像视觉和听觉一样把嗅觉用数字编码的形式存储、传输、分享,真正让别人做到一模一样的"感同身受"。

观看视频

5.5　味觉

味觉是指物质对人口腔内的味觉器官化学感受系统施加刺激并产生的一种味蕾上的感觉。味觉是人类的一种重要的感官,在 VR 中,如何让用户不仅看到食物,还要让用户品尝到味道,这是一件非常困难的事情。但毫无疑问,VR 应用中,味觉也是多模态反馈的重要渠道之一。

5.5.1　味觉机制

不同的味觉产生不同的味觉感受体,味觉感受体与呈味物质之间的相互作用也不尽相同。虽然我们描述味道通常会用酸甜苦辣,但是最基本的味觉是酸、甜、苦、咸 4 种。生活中还有许多的味道,都是由这 4 种基本味道组成的。当味觉刺激物随着溶液刺激到味蕾时,味蕾就将味觉刺激的化学能量转化为神经能,然后沿舌咽神经传至大脑翻译神经信号后返回,从而产生味觉。由于味道多种多样,舌头各部位对于不同味道的刺激感受也是不同的,分别是舌尖对甜、舌边前部对咸、舌边后部对酸、舌根对苦最敏感。婴儿有 10 000 个味蕾,成人有几千个,味蕾数量随年龄的增大而减少,对呈味物质的敏感性也降低。味蕾大部分分布在舌头表面的乳状突起中,尤其是舌黏膜皱褶处的乳状突起中最为密集。味蕾一般由 40~150 个味觉细胞构成,大约 10~14 天更换一次,味觉细胞表面有许多味觉感受分子,不同物质能与不同的味觉感受分子结合而呈现不同的味道。人的味觉从呈味物质刺激到感受到滋味仅需 1.5~4.0ms,比视觉 13~45ms、听觉 1.27~21.5ms、触觉 2.4~8.9ms 都快。

5.5.2　VR 系统中的味觉输出

为了给人提供味觉感知,主流方法是向不同位置的味蕾施加不同强度的电流和温度刺激,以此产生不同的味道。真实味觉的模拟,可以用于减肥、过敏、糖尿病管理、饮食疗法和远程用餐等多种情景,例如 Project Nourished 项目。美国詹姆斯·比尔德基金会(James Beard Foundation)最近推出了 Aerobanques RMX 项目,这个项目可以允许两个人在两个不同的地方通过 VR 的方式,实现共同聚餐。在品尝真实的食物的同时,他们也会在虚拟世界看到数字化的食物,达到共同聚餐的目的。但这样的聚餐也不便宜,每个人需要支付 125 美元的费用。

一家别致的英国酒吧推出了 Vocktails,消费者会认为自己正在享用的白水是真正的酒水。一种特制的玻璃杯会把气味喷射到饮用者的脸上,并利用舌头上电脉冲来刺激味蕾,掩盖饮用物的真实气味和味道。这种玻璃杯专门用来混淆用户的视觉、嗅觉和味觉,这个玻璃杯能够让白水品尝起来就像是威士忌或酒水,实现类似酒精的味道。饮用者可以通过一款手机应用来控制相关的功能,通过手机应用来控制玻璃杯释放香味并刺激饮用者的味蕾,就能调配出各种鸡尾酒。这项发明围绕马蒂尼玻璃杯设计,并且在 3D 打印的杯座搭配了 3 个气味筒和 3 个微型气泵。这种"气味分子"可以改变饮用者对味道的感知。例如,用水果香味来模拟酒水,或者用柠檬香味模拟柠檬水。玻璃杯上的两个电极条设置在边缘,它们可以发出电脉冲刺激味蕾并模拟不同的味道,例如,$180\mu A$ 可以模拟酸味,$40\mu A$ 是咸味,$80\mu A$ 则是苦味。

2003 年,Food Simulator 在计算机图形学顶级会议 SIGGRAPH 中首次亮相。参与者在他们的嘴里放上连着吸管的一个由薄纱包裹着的电动机械设备(见图 5.16)。向下咬的动作会触发这个设备快速地收缩,并向参与者的嘴里射出带有某种食品味道的化学物质。

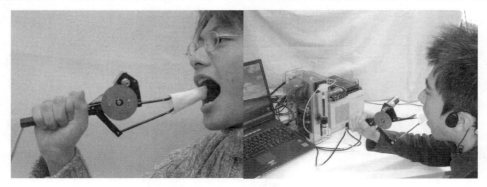

图 5.16　用户体验产生味觉反馈的电动机械设备

2020 年在人机交互会议 CHI 上,研究人员展示了一种类似棒棒糖的装置(见图 5.17)。装置顶部有 5 个接触点,它们分别是 5 种不同的电解质凝胶:红色的是甘氨酸,能制造甜味;黄色的是柠檬酸,能制造酸味;黑色的是氯化钠,能制造咸味;棕色的是氯化镁,能制造苦味;紫色的是谷氨酸钠,能制造鲜味。这些凝胶还各自连接了一个电阻,通过它们就可以调节电流,控制释放味道的浓度。让其中一些味道变浓,另一些味道变淡,从而组合出更丰富的口味。简单地理解,就像我们用三原色也能调出其他的颜色一样。

图 5.17　用于实现味觉反馈的特殊装置

5.6　实践环节——添加音频反馈

在多模态反馈技术中,听觉(5.2 节)是主流设备都支持的,因此本书案例在此采用听觉作为实践部分的练习。部分商业产品支持振动式的触觉反馈,有条件的读者亦可以将触觉反馈(5.3 节)加入到案例中,预期可以进一步增强 VR 系统的用户体验。我们期待在未来,可以有额外的嗅觉和味觉体验。

本节将为目前已有的游戏内容加入音效。首先导入图 5.18 所示的音频文件。

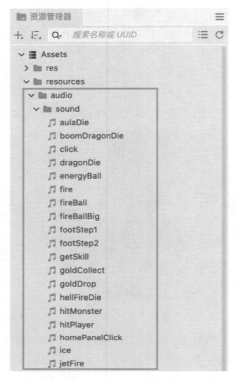

图 5.18　音频资源

5.6.1　主界面音效的添加

接着我们查看框架文件 audioManager.ts 第 81 行起定义的 playSound()函数。该函数接收一个音频文件的文件名,播放资源目录"audio/sound/"中的同名音频文件,即我们刚刚导入的资源。我们只需要在进行相应过程的函数时调用该函数播放音频资源即可。

在 homePanel.ts 脚本的 onBtnSettingClick()函数中,添加代码(并导入所依赖的库): "AudioManager.instance.playSound("homePanelClick");"。

5.6.2　玩家音效的添加

(1) 添加玩家走路音效:在 playerModel.ts 中声明变量:"private_stepIndex:number=0;"。接着在脚本中的 onFrameRun()函数中,声明和定义如下函数:

```
1.  public onFrameRun () {
2.    this._stepIndex = this._stepIndex === 0 ? 1 : 0;
3.    AudioManager.instance.playSound(Constant.SOUND.FOOT_STEP[this._stepIndex]);
4.  }
```

接着通过动画编辑器在 player01 预制体 body 节点的 run 动画上 0-04、0-14 上绑定 onFrameRun()函数。

（2）添加玩家技能释放音效：在 player.ts 的 initArrow（）函数中，添加代码

```
AudioManager.instance.playSound("loose");
```

（3）添加玩家被击中时音效：在 player.ts 的 reduceBlood（）函数中，添加代码

```
AudioManager.instance.playSound("hitPlayer");
```

（4）添加玩家死亡时音效：在 player.ts 的 showDie（）函数中，添加代码

```
AudioManager.instance.playSound("player01Die");
```

5.6.3　怪物音效的添加

（1）添加怪物被击中时音效：在 monster.ts 的 playHit（）函数中，添加代码

```
AudioManager.instance.playSound('hitMonster');
```

（2）添加怪物死亡时音效：在 monster.ts 的 showDie（）函数中，添加代码

```
AudioManager.instance.playSound( ${this.node.name}Die);
```

5.6.4　怪物技能音效的添加

添加怪物技能音效：在图 5.19 所包含的怪物技能脚本的 init（）函数中，按照技能对应的音频文件名，添加代码 AudioManager.instance.playSound（'技能音频文件名'）。具体的音频文件名包含 energyBall、tornado、jetFire、laser、fireBall、fireBallBig。

```
TS dispersion.ts assets/script/fight/monsterSkill
TS dispersionSurround.ts assets/script/fight/m...
TS energyBall.ts assets/script/fight/monsterSkill
TS fireBall.ts assets/script/fight/monsterSkill
TS fireBallBig.ts assets/script/fight/monsterSkill
TS laser.ts assets/script/fight/monsterSkill
TS tornado.ts assets/script/fight/monsterSkill
```

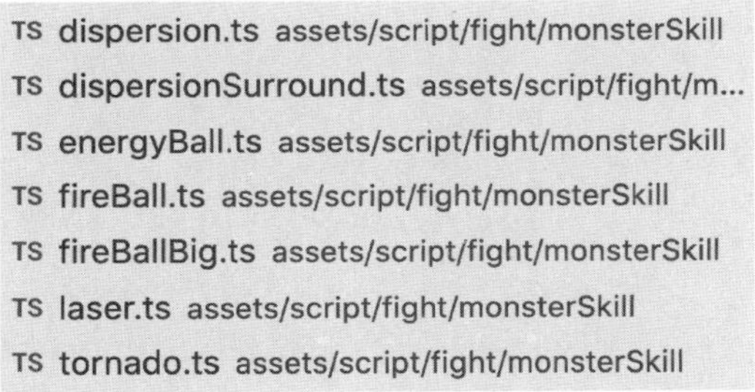

图 5.19　需添加音效的技能代码

5.7　小结

虽然视觉是我们最重要的感觉，但是五种感觉的共同存在才让我们感知到了鸟语花香，酸甜苦辣。从刺激源到感受器的刺激链条上，听觉和视觉是投入最小、效果最好的模态，也是现在 VR 技术里最关注的两个模态。其他感觉，如触觉、嗅觉、味觉等，模拟成本极高，近期比较难实现大规模、高真实感的体验。但终极的 VR 体验将包含所有的感觉，包括触觉、嗅觉、味觉，而相关行业和社区一直在不断探索相关的实现方式。若是要在 VR 的场景中复现一个逼真的用户体验，上述的多模态输出都是缺一不可的。

本章以听觉为例，展示了在应用中融入声音反馈的案例，期待在后续伴随硬件的发展，触觉、嗅觉等更多模态的反馈可以让消费者体验更真实的 VR 应用。

习题

1. 针对文中提到的多感官反馈,分析已有工作的方法和结果,阐述其优点及不足。

2. 针对本章中所涉及的听觉、触觉、嗅觉、味觉,为每一种感官模态提出一种适合的应用场景。

3. 结合两种甚至多种感官模态,提出一种适合的应用场景。

4. 尝试针对一种感官机制,设计可以产生该感官反馈的硬件发生装置,并通过互联网调研是否能够购买相应的零部件。建议参考相关的文献资料。

5. 面向移动端平台,分析哪种感官反馈最有可能得到大规模应用,并阐述原因。

应用系统开发

本章基于前述内容,介绍应用案例的剩余模块开发,完成整个应用的开发工作。本案例所用的所有素材和代码,均随本教材电子资源对读者完全公开。读者可以参阅完整的案例开发手册,并利用素材和代码辅助完成本应用的开发。

6.1 地图数据加载及生成

观看视频

6.1.1 导入配置文件

本节我们介绍框架目录下的 LocalConfig.ts 脚本。首先导入本节的素材,可以看到里面包括了大量的 CSV 配置文件,即表格文本文件,里面存储了我们的游戏配置信息。各配置文件内信息的作用如表 6.1 所示,建议自行对照查看表中的内容。

表 6.1 CSV 配置文件

文 件 名	描 述
base.csv	游戏所有的玩家、怪物、物品信息:包括编号类型等基础信息、位置旋转缩放信息、怪物特有的属性信息
checkpoint.csv	每一层关卡的信息:包含该层关卡允许从哪些编号的地图中随机选择生成、本层关卡的怪物属性加成
map0xx.csv	相应编号的地图具体包括哪些模块,即怪物和障碍物(这些模块的具体信息存储在 base.csv 中)
map1xx.csv	特殊的 S 形地图具体包括哪些模块,即怪物和障碍物(这些模块的具体信息存储在 base.csv 中)
playerSkill.csv	玩家技能的编号及相关属性
monsterSkill.csv	怪物技能的编号及相关属性

6.1.2 读取配置文件

LocalConfig 脚本中的 loadConfig()方法是在 localConfig.ts 中定义的回调函数,该方法除了将传入的回调函数 cb 存储进脚本外,还调用了_loadCSV()这个私有方法。其代码如下:

```
1.  public loadConfig (cb: Function) {
2.    this._callback = cb;
```

```
3.      this._loadCSV();
4.    }
```

_loadCSV 脚本的内容如下：

```
1.  private _loadCSV () {
2.    resources.loadDir("datas", (err: any, assets) =>{
3.      if (err) {
4.        return;
5.      }
6.
7.      let arrCsvFiles = assets.filter((item: any) =>{
8.        return item._native !== ".md";
9.      })
10.
11.     this._cntLoad = arrCsvFiles.length;
12.
13.     if (arrCsvFiles.length) {
14.     arrCsvFiles.forEach((item, index, array) => {
15.        ResourceUtil.getTextData(item.name, (err: any, content: any) => {
16.          this._csvManager.addTable(item.name, content);
17.          this._tryToCallbackOnFinished();
18.        });
19.      });
20.     } else {
21.       this._tryToCallbackOnFinished();
22.     }
23.   })
24. }
```

其主要实现的功能包括：

（1）获得 assets/resource/datas/目录下的文件列表；

（2）滤除列表中以.md 结尾的文件(是关于配置文件的说明,并非配置文件本身)；

（3）遍历前面得到的列表,调用_csvManager.addTable 创建表格。

loadConfig()方法在主场景加载时,由主场景 Canvas 节点下的 main.ts 脚本调用,进行调用代码如下所示：

```
1.  //加载 CSV 相关配置
2.  LocalConfig.instance.loadConfig(() =>{
3.    SdkUtil.shareGame(Constant.GAME_NAME_CH, "");
4.    this._loadFinish();
5.  })
```

至此,我们之前导入的所有关于游戏的 CSV 配置文件,均存储在与原 CSV 文件同名的、由 array 组成的表格类数据类型中。

当我们需要加载之前已经存储好的 table 内容时,只需要调用 LocalConfig 的内置查询方法 getTableArr()来获取相应的 array 数组类型文件。该方法会直接返回 csvManager.ts 中存储的表格类型数据。

6.1.3　地图生成

读者可从电子资源中导入本节的素材,包括全部的地图、怪物、障碍物等预制体,这样就

可以根据已经存储好的配置信息实例化这些预制体。本节以地图的生成为例：在 script/
fight 文件夹下新建脚本 mapManager.ts，挂载到战斗场景 fight.scene 中的 mapManager
节点上。该脚本主要负责根据传入的唯一的地图编号实例化相应地图预制体，获取该地图
应该拥有的物体和怪物信息，并实例化预制体来生成具体的怪物和物体。

首先，完成依赖库的导入和变量的声明：

```
1.  import { _decorator, Component, Node, Vec3} from 'cc';
2.  import { LocalConfig } from '../framework/localConfig';
3.  import { ResourceUtil } from '../framework/resourceUtil';
4.  import { PoolManager } from '../framework/poolManager';
5.  const { ccclass, property } = _decorator;
6.
7.  @ccclass('mapManager')
8.  export class mapManager extends Component {
9.      public _dictModuleType: any;              //待加载的模块种类
10.     private _arrItem: any = [];                //存放各项模块节点信息
11.     private _arrMap: any = [];                 //当前关卡数据表
12.
13.     private _ndAn: Node = null!;               //普通暗夜地图节点
14.     private _ndAnS: Node = null!;              //S形暗夜地图节点
15.
16.     private _completeListener: Function = null!;   //加载完成回调
17. }
```

接下来，我们实现创建地图的函数 buildMap()。这个过程使用了之前在界面加载和创
建玩家节点时使用过的 PoolManager.ts 的节点管理功能：

```
1.  public buildMap (mapName: string, progressCb: Function, completeCb: Function) {
2.      this._completeListener = completeCb;
3.
4.      this._dictModuleType = {};
5.      this._arrItem = [];
6.      this._arrMap = [];
7.
8.      this._arrMap = LocalConfig.instance.getTableArr(mapName).concat();
9.
10.     if (mapName.startsWith("map0") && !this._ndAn) {
11.       ResourceUtil.loadModelRes('scene/an').then((prefab: any) =>{
12.         this._ndAn = PoolManager.instance.getNode(prefab, this.node.parent as Node);
13.       })
14.     } else if (mapName.startsWith("map1") && !this._ndAnS) {
15.       ResourceUtil.loadModelRes('scene/anS').then((prefab: any) =>{
16.         this._ndAnS = PoolManager.instance.getNode(prefab, this.node.parent as Node);
17.       })
18.     }
19. }
```

我们在 GameManager 调用刚刚实现的 buildMap() 函数。首先增加必要的声明，并在
fight 场景中将 mapManager 拖动到新声明的公开属性上，获取 mapManager.ts 脚本。

```
1.  @ccclass('GameManager')
2.  export class GameManager extends Component {
3.      ... //原有的声明
```

```
4.
5.     public mapInfo: any = {};                          //地图信息
6.
7.     @property({type: mapManager})
8.     public scriptMapManager: mapManager = null!;       //地图脚本
9.   }
```

接下来,声明并实现如下两个函数:其中_loadMap 简单地调用了 mapManager 中的 buildMap()函数,并为回调函数预留了接口 cb; _refreshLevel()函数从 checkPoint.csv 提供的当前关卡层数允许选择的地图范围随机选择一个,传递给 buildMap()函数去创建。

```
1.   private _refreshLevel () {
2.     let arrMap = this.mapInfo.mapName.split("#");
3.     let mapName = arrMap[Math.floor(Math.random() * arrMap.length)];
4.
5.     this._loadMap(mapName, () =>{});
6.   }
7.
8.   private _loadMap (mapName: string, cb: Function = () =>{}) {
9.     this.scriptMapManager.buildMap(mapName, () =>{
10.      cb && cb();
11.    })
12.  }
```

最后,将在 onGameInit()函数中调用_createPlayer 替换为调用_refreshLevel,开始演示即可完成地图的创建。将 createPlayer()作为回调函数 cb 传入 loadMap()函数,从而实现在地图创建时完成玩家生成,此外增加条件判断:

```
1.   private _refreshLevel () {
2.     let arrMap = this.mapInfo.mapName.split("#");
3.     let mapName = arrMap[Math.floor(Math.random() * arrMap.length)];
4.
5.     this._loadMap(mapName, () =>{
6.       //第一次进入或者失败后被销毁需要重新创建
7.       if (!GameManager.ndPlayer) {
8.         this._createPlayer();
9.       } else {
10.        ClientEvent.dispatchEvent(Constant.EVENT_TYPE.HIDE_LOADING_PANEL, () =>{});
11.      }
12.    });
13.  }
```

此时开始演示,仍不会生成玩家节点。这是因为在 buildMap()函数中,没有实现调用传入的回调函数 cb 的部分,这将在 6.2 节实现。

观看视频

6.2　障碍物与怪物生成

在本讲中,我们将实现在 mapManager.ts 中,根据具体的地图信息,即 mapxxx.csv,创建怪物与障碍物的功能。

6.2.1　实现地图内物体生成函数

我们先来声明和实现,传入一条物体信息,加载相应预制体的 buildModel()函数:

```
1.   private _buildModel (type: string) {
2.     let arrPromise =   [];
3.
4.     let objItems = this._dictModuleType[type];           //同类型的信息
5.     this._dictModuleType[type] = [];
6.
7.     for (let idx = 0; idx < objItems.length; idx++) {
8.       //怪物在该层级的配置信息
9.       let layerInfo = objItems[idx];
10.      //怪物的模块数据
11.      let baseInfo = LocalConfig.instance.queryByID("base", layerInfo.ID);
12.      let modelPath = ```{type}/``{baseInfo.resName}`;
13.
14.      let p = ResourceUtil.loadModelRes(modelPath).then((prefab: any) =>{
15.        let parentName = type + 'Group';                 //先创建父节点
16.        let ndParent = this.node.getChildByName(parentName);
17.
18.        if (!ndParent) {
19.          ndParent = new Node(parentName);
20.          ndParent.parent = this.node;
21.        }
22.
23.        let ndChild = PoolManager.instance.getNode(prefab, ndParent) as Node;
24.         let position = layerInfo.position ? layerInfo.position.split(',') : baseInfo.
     position.split(',');
25.        let angle = layerInfo.angle ? layerInfo.angle.split(',') : baseInfo.angle.split(',');
26.        let scale = layerInfo.scale ? layerInfo.scale.split(',') : baseInfo.scale.split(',');
27.        ndChild.setPosition(new Vec3(Number(position[0]), Number(position[1]), Number
     (position[2])));
28.        ndChild.eulerAngles = new Vec3(Number(angle[0]), Number(angle[1]), Number(angle[2]));
29.        ndChild.setScale(new Vec3(Number(scale[0]), Number(scale[1]), Number(scale[2])));
30.
31.        this._arrItem.push(ndChild);
32.      })
33.      arrPromise.push(p);
34.    }
35. }
```

buildModel()函数的主要思路如下,和之前创建玩家节点的思路较为相似:

(1)读取 prefab;

(2)选择 prefab 生成加载时的父节点;

(3)根据 prefab 生成所需节点;

(4)按照配置文件中的位置等信息对 prefab 进行设置;

(5)将生成物体加入_arrItem 进行管理。

6.2.2 遍历待加载模块生成物体

接着回到 buildMap()函数,在内部声明一个函数 cb()。在该函数内,首先遍历_arrMap,将其中每个项目存入 item 中并加入待加载模块_dictModuleType:

```
1.   let cb = () =>{
2.     if (mapName.startsWith("map1")) {
```

```
3.      this._ndAn && (this._ndAn.active = false);
4.      this._ndAnS && (this._ndAnS.active = true);
5.    } else {
6.      this._ndAn && (this._ndAn.active = true);
7.      this._ndAnS && (this._ndAnS.active = false);
8.    }
9.
10.   for (let i = this._arrMap.length - 1; i >= 0; i--) {
11.     const item = this._arrMap[i];
12.     let baseInfo = LocalConfig.instance.queryByID('base', item.ID);
13.
14.     if (!this._dictModuleType.hasOwnProperty(baseInfo.type)) {
15.       this._dictModuleType[baseInfo.type] = [];
16.     }
17.
18.     this._dictModuleType[baseInfo.type].push(item);
19.   }
20. }
```

接下来,使用 buildModel()函数生成存入_dictModuleType 中的模块,同时调用之前传入的回调函数,具体来说就是 createPlayer 相关的函数:

```
1.  let arrPromise = [];
2.
3.  for (const i in this._dictModuleType) {
4.    let item = this._dictModuleType[i];
5.    if (item.length) {
6.      arrPromise.push(this._buildModel(i));
7.    }
8.  }
9.
10. Promise.all(arrPromise).then(()=>{
11.   this._completeListener && this._completeListener();
12.   console.log(`load ${mapName} over`);
13. }).catch((e)=>{
14.   console.error("load item module err", e);
15. })
```

最后,在创建地图时调用刚刚实现的函数 cb()。至此,buildMap()函数的内容如下:

```
1.  public buildMap (mapName: string, completeCb: Function) {
2.    this._completeListener = completeCb;
3.
4.    this._dictModuleType = {};
5.    this._arrItem = [];
6.    this._arrMap = [];
7.
8.    this._arrMap = LocalConfig.instance.getTableArr(mapName).concat();
9.
10.   let cb = ()=>{
11.     if (mapName.startsWith("map1")) {
12.       this._ndAn && (this._ndAn.active = false);
13.       this._ndAnS && (this._ndAnS.active = true);
14.     } else {
15.       this._ndAn && (this._ndAn.active = true);
16.       this._ndAnS && (this._ndAnS.active = false);
```

```
17.        }
18.
19.        for (let i = this._arrMap.length - 1; i >= 0; i--) {
20.          const item = this._arrMap[i];
21.          let baseInfo = LocalConfig.instance.queryByID('base', item.ID);
22.
23.          if (!this._dictModuleType.hasOwnProperty(baseInfo.type)) {
24.            this._dictModuleType[baseInfo.type] = [];
25.          }
26.
27.          this._dictModuleType[baseInfo.type].push(item);
28.        }
29.
30.        let arrPromise = [];
31.
32.        for (const i in this._dictModuleType) {
33.          let item = this._dictModuleType[i];
34.          if (item.length) {
35.            arrPromise.push(this._buildModel(i));
36.          }
37.        }
38.
39.        Promise.all(arrPromise).then(() =>{
40.          this._completeListener && this._completeListener();
41.          console.log(`load ${mapName} over`);
42.        }).catch((e) =>{
43.          console.error("load item module err", e);
44.        })
45.    }
46.
47.    if (mapName.startsWith("map0") && !this._ndAn) {
48.      ResourceUtil.loadModelRes('scene/an').then((prefab: any) =>{
49.        this._ndAn = PoolManager.instance.getNode(prefab, this.node.parent as Node);
50.        cb();
51.      })
52.    } else if (mapName.startsWith("map1") && !this._ndAnS) {
53.      ResourceUtil.loadModelRes('scene/anS').then((prefab: any) =>{
54.        this._ndAnS = PoolManager.instance.getNode(prefab, this.node.parent as Node);
55.        cb();
56.      })
57.    } else {
58.      cb();
59.    }
60. }
```

目前，我们可以通过修改 GameManager.ts 内 onGameInit()函数首行的 level 变量的值来修改加载的关卡，例如 let level=2，以查看不同关卡的效果。

6.3　玩家技能

观看视频

6.3.1　玩家技能简介

玩家技能包括：

（1）双重射击：向前同时（并排居中）射出 2 支箭矢（见图 6.1 左侧图）。

（2）连续射击：向前先后射出 2 支箭矢。

（3）伞形射击：向前两侧（伞形夹角 45°）同时射出 2 支箭矢（见图 6.1 右侧图）。

（4）反向射击：向背后射出 1 支箭矢。

（5）侧面射击：左右两侧（与正前方垂直 90°）同时各射出一支箭矢。

（6）穿透：箭矢遇到敌人后不再消失，会继续飞行。

图 6.1　双重射击与伞形射击

数值变化技能包括：

（1）攻击 1：提升角色 N％的攻击力。

（2）攻击 2：提升角色 M％的攻击力。

（3）闪避：提升角色 N％的闪避率（以加法形式增加）。

（4）暴击＋暴击伤害 1：提升角色 N％的暴击率和 X％的暴击伤害（以加法形式增加）。

（5）暴击＋暴击伤害 2：提升角色 M％的暴击率和 Y％的暴击伤害（以加法形式增加）。

（6）攻速提升 1：提升角色 N％的攻击速度。

（7）攻速提升 2：提升角色 M％的攻击速度。

（8）生命：提升角色生命上限 N％。

（9）恢复：恢复角色生命上限 N％生命值，不会超过上限。

（10）移动：提升角色 N％的移动速度。

Debuff 技能包括：

（1）冰冻：受到攻击的敌人会降低 N％攻击速度和 X％移动速度。

（2）灼烧：受到攻击的敌人会每 0.5 秒减少生命上限 5％的生命值，持续 2 秒。

触发技能包括：

（1）闪电：受到攻击的敌人会向身旁一定范围内的所有敌人发射闪电，减少生命上限 5％的生命值。

（2）嗜血：主角击杀敌人时恢复自身生命上限 2％的生命值。

（3）弹射：受到攻击的敌人会向身旁一定范围内的 1 个敌人发射 1 支箭矢，造成一次普通伤害。

在本讲中，我们将以玩家的形态变化类技能中的 5 种为例（不包含穿透），讲解玩家技能的实现。具体来讲，我们将导入对应 5 种技能的不同箭矢预制体，为这些箭矢添加上向目标前进的功能，再在合适的时机分别实例化这些预制体。首先，将本讲的素材文件导入项目（见图 6.2）。

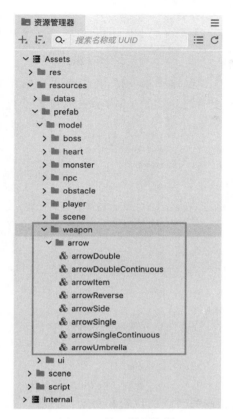

图 6.2   导入课程资源

本节编写用于使箭矢飞行的脚本 arrow.ts。首先在"script/fight"文件夹下新建 arrow.ts 脚本。初始化箭矢声明相关变量：主要包括与箭矢位置和角度相关的变量、与箭矢速度相关的变量，以及判断箭矢与玩家距离相关的变量：

```
1.  import { Util } from '././../framework/util';
2.  import { GameManager } from './gameManager';
3.  import { _decorator, Component, Node, Vec3 } from 'cc';
4.  import { PoolManager } from '../framework/poolManager';
5.
6.  const { ccclass, property } = _decorator;
7.  @ccclass('arrow')
8.  export class arrow extends Component {
9.    private _releaseWorPos: Vec3 = new Vec3();        //技能释放位置的世界坐标
10.   private _oriPos: Vec3 = null!;                    //初始默认位置
11.   private _oriEulerAngles: Vec3 = null!;           //初始默认角度
12.   private _oriForward: Vec3 = null!;               //初始朝向
13.
14.   private _curForward: Vec3 = new Vec3();          //当前朝向
15.   private _curWorPos: Vec3 = new Vec3();           //当前节点世界坐标
16.
17.   private _targetWorPos: Vec3 = new Vec3();        //箭矢的下次目标位置
18.
19.   private _curSpeed: number = 0;                    //当前速度
20.   private _targetSpeed: number = 0;                //目标速度
```

```
21.
22.    private _offsetPos: Vec3 = new Vec3();          //和玩家之间的向量差
23.    private _disappearRange: number = 25;           //箭矢节点与玩家超过该范围则隐藏
24. }
```

和之前已经实现的大多数预制体脚本一样,首先声明初始化 init(),这个函数的输入是箭矢生成的位置和发射的速度参数。接下来,为箭矢的位置变量赋予初始值,包括其位置、角度、前进方向。

```
1.    public init (speed: number, releaseWorPos: Vec3) {
2.      this._releaseWorPos.set(releaseWorPos);
3.
4.      if (!this._oriPos) {
5.        this._oriPos = this.node.position.clone();
6.      }
7.
8.      if (!this._oriEulerAngles) {
9.        this._oriEulerAngles = this.node.eulerAngles.clone();
10.     }
11.
12.     if (!this._oriForward) {
13.       this._oriForward = this.node.forward.clone();
14.     }
15.
16.     this._curForward.set(this._oriForward);
17. }
```

之后,利用这些变量更新箭矢节点的位置和角度:

```
1.    public init (speed: number, releaseWorPos: Vec3) {
2.      ...
3.
4.      this.node.active = false;
5.      this.node.setPosition(this._oriPos);
6.      this.node.eulerAngles = this._oriEulerAngles;
7.    }
```

最后,生成与箭矢速度相关的变量,包括箭矢的初始速度和目标速度。这样做的目的是让箭矢在接近目标的过程中增加速度,优化其射出效果:

```
1.    public init (speed: number, releaseWorPos: Vec3) {
2.      ...
3.
4.      this._targetSpeed = speed;
5.      this._curSpeed = speed * 0.5;
6.
7.      this.node.active = true;
8.    }
```

6.3.2 玩家技能解析

将玩家当前所拥有的形态变化技能都存储在一个字符串数组内,通过访问该字符串数组得到玩家所拥有的技能。对于不同的形态变化类技能,我们使用多种实现方式。其中,双重射击、连续射击与普通射击存在重叠的部分,我们用布尔值去控制。综上所述,我们在

player.ts 中增加如下声明：

```
1.  //技能数组
2.  private _arrFormChangeSkill: string[] = [];          //玩家当前拥有的形态变化技能
3.
4.  //是否拥有形态变化类技能
5.  public isArrowDouble: boolean = false;                //是否拥有技能:箭矢双重射击
6.  public isArrowContinuous: boolean = false;            //是否拥有技能:连续射击
7.  public isArrowPenetrate: boolean = false;             //是否拥有技能:箭矢穿透射击
```

在之前的章节，我们已经实现在 fight 场景加载时调用 mian.ts 脚本的功能。main 脚本中的 start()函数通过如下代码，在框架的 PlayerData.ts 中创建玩家数据 playerInfo：

```
1.  if (!PlayerData.instance.playerInfo || !PlayerData.instance.playerInfo.createDate) {
2.      PlayerData.instance.createPlayerInfo();
3.  }
```

PlayerData.ts 的_arrSkill 属性中保存了玩家当前拥有的全部技能的编号，并且实现了增加和删除技能的函数。玩家的技能编号定义在 6.1 节中的 playerSkill.csv 文件里，查看这个文件，可以看到该文件定义了玩家的全部技能和效果（见图 6.3）。

图 6.3　技能配置文件 playerSkill.csv

因此，解析玩家技能的第一步就是，在玩家控制脚本中读取该属性来获得玩家当前拥有的技能。判断这些技能是否为形态变化类技能，即编号以 1 开头的技能，如果是就将该编号保存在字符串数组_arrFormChangeSkill 中。在 player.ts 中声明并实现如下函数：

```
1.  private _parsePlayerSkill (isCoverSkill: boolean = false) {
2.      let arrSkill = PlayerData.instance.playerInfo.arrSkill;
3.
4.      let arrFormChangeSkill: string[] = [];
5.
6.      if (arrSkill.length) {
7.          arrSkill.forEach((item: string) => {
8.          if (item.startsWith(Constant.PLAYER_SKILL_USE.FORM_CHANGE))
9.          arrFormChangeSkill.push(item);
10.         });
11.     }
12.
13.     this._arrFormChangeSkill = arrFormChangeSkill;
14. }
```

通过读取存储技能信息的字符串数组 arrFormChangeSkill 修改相应的布尔值：

```
1.  private _parsePlayerSkill (isCoverSkill: boolean = false) {
2.    // 读取玩家技能的内容
3.    ...
4.
5.    if (this._arrFormChangeSkill.length) {
6.      this.isArrowDouble = this._arrFormChangeSkill.indexOf(Constant.PLAYER_SKILL.ARROW_
DOUBLE) !== -1;
7.      this.isArrowPenetrate = this._arrFormChangeSkill.indexOf(Constant.PLAYER_SKILL.
ARROW_PENETRATE) !== -1;
8.      this.isArrowContinuous = this._arrFormChangeSkill.indexOf(Constant.PLAYER_SKILL.
ARROW_CONTINUOUS) !== -1;
9.    } else {
10.      this.isArrowDouble = false;
11.      this.isArrowPenetrate = false;
12.      this.isArrowContinuous = false;
13.    }
14.  }
```

6.3.3 实现箭矢形态变化

接下来,修改释放技能的函数 throwArrowToEnemy(),从而实现不同技能对应的箭矢模型预制体的释放。

1. 释放技能

我们通过_arrFormChangeSkill 的长度来判断玩家是否持有特殊技能,在没有技能的情况下和之前一样射出单支箭:

```
1.  public throwArrowToEnemy () {
2.    //使用形态变化技能
3.    if (this._arrFormChangeSkill.length) {
4.
5.    } else {
6.      //没有技能则默认连续射出单支箭
7.      this._initArrow("arrowSingle");
8.    }
9.  }
```

2. 双重射击和连续射击

双重射击是指玩家同时释放两支箭。而连续射击是一个叠加技能,单支箭和双支箭在玩家拥有连续射击技能时都可以连续发射,因此我们用两个布尔值实现相应的技能:

```
1.  public throwArrowToEnemy () {
2.    //使用形态变化技能
3.    if (this._arrFormChangeSkill.length) {
4.      //使用技能
5.      if (this.isArrowDouble) {
6.        if (this.isArrowContinuous) {
7.          this._initArrow("arrowDoubleContinuous");
8.        } else {
9.          this._initArrow("arrowDouble");
10.        }
11.      } else {
12.        if (this.isArrowContinuous) {
```

```
13.        this._initArrow("arrowSingleContinuous");
14.      } else {
15.        this._initArrow("arrowSingle");
16.      }
17.    }
18.  } else {
19.    //没有技能则默认连续射出单支箭
20.    this._initArrow("arrowSingle");
21.  }
22. }
```

3. 伞形射击、侧面射击、反向射击

这三个技能之间没有叠加关系，即互不影响。我们只需根据_arrFormChangeSkill 中是否包含相应技能的编号，查询 playerSkill.csv 中该编号对应的预制体名，并在 initArrow() 函数中实例化相应箭矢预制体即可。该部分实现后，throwArrowToEnemy() 的内容如下：

```
1.  public throwArrowToEnemy () {
2.    //使用形态变化技能
3.    if (this._arrFormChangeSkill.length) {
4.      //使用技能
5.      if (this.isArrowDouble) {
6.        if (this.isArrowContinuous) {
7.          this._initArrow("arrowDoubleContinuous");
8.        } else {
9.          this._initArrow("arrowDouble");
10.       }
11.     } else {
12.       if (this.isArrowContinuous) {
13.         this._initArrow("arrowSingleContinuous");
14.       } else {
15.         this._initArrow("arrowSingle");
16.       }
17.     }
18.
19.     this._arrFormChangeSkill.forEach((item: string) =>{
20.       let skillInfo = LocalConfig.instance.queryByID("playerSkill", String(item));
21.
22.       if (item === Constant.PLAYER_SKILL.ARROW_REVERSE || item === Constant.PLAYER_
SKILL.ARROW_SIDE || item === Constant.PLAYER_SKILL.ARROW_UMBRELLA) {
23.         this._initArrow(skillInfo.resName);
24.       }
25.     })
26.   } else {
27.     //没有技能则默认连续射出单支箭
28.     this._initArrow("arrowSingle");
29.   }
30. }
```

6.3.4 增加玩家技能

在 6.3.3 节中，我们已经可以通过玩家数据内的技能改变玩家释放的箭矢模型。但玩家数据内的技能始终没有增加，且解析技能的函数 throwArrowToEnemy() 始终没有被调用。

　　框架文件 PlayerData. ts 已经实现了增加玩家技能的函数 addPlayerSkill( ),并且在技能增加时会发送事件。我们只需监听该事件,并在该事件触发时回调 throwArrowToEnemy( )函数即可。在 player. ts 中增加如下事件监听函数:

```
1.  onEnable () {
2.    ClientEvent.on(Constant.EVENT_TYPE.PARSE_PLAYER_SKILL, this._parsePlayerSkill, this);
3.  }
4.
5.  onDisable () {
6.    ClientEvent.off(Constant.EVENT_TYPE.PARSE_PLAYER_SKILL, this._parsePlayerSkill, this);
7.  }
```

　　为了查看效果,直接在 start( )函数中向 addPlayerSkill( )函数传入包含技能编号的字典类型,根据编号按需增加技能:

```
1.  start(){
2.    PlayerData.instance.addPlayerSkill({ID: "10101"});
3.    PlayerData.instance.addPlayerSkill({ID: "10201"});
4.    PlayerData.instance.addPlayerSkill({ID: "10301"});
5.    PlayerData.instance.addPlayerSkill({ID: "10401"});
6.    PlayerData.instance.addPlayerSkill({ID: "10501"});
7.  }
```

　　至此,我们终于可以在演示中查看玩家的 5 种形态变化类技能,并通过增加和删除start( )函数内的技能来查看拥有不同数量技能时的效果了。

6.4　怪物技能

观看视频

6.4.1　怪物技能简介

　　我们为这个游戏设计 5 种类型的怪物:蜘蛛(aula)、爆炸龙(boomDragon)、魔法师(magician)、地狱火(hellFire)、巨龙(dragon)。

　　怪物的攻击技能包括 8 种类型:180°散射球(Dispersion)、360°散射(DispersionSurround)、能量球(EnergyBall)、小火球(FireBall)、大火球(FireBallBig)、直线范围型火焰(JetFires)、激光(Laser)、龙卷风 S 形(Tornado)。

　　依据本关卡的 layerInfo,编写获取怪物所拥有的技能的函数:

```
1.  protected _refreshSkill () {
2.    this.allSkillInfo = this.layerInfo.skill === "" ? [] :this.layerInfo.skill.split("#");
3.    if (this.allSkillInfo.length) {
4.      this._skillIndex = this._skillIndex >= this.allSkillInfo.length ? 0 : this._skillIndex;
5.      let skillID = this.allSkillInfo[this._skillIndex];
6.      this.skillInfo = LocalConfig.instance.queryByID("monsterSkill", skillID);
7.      this._skillIndex += 1;
8.    }
9.  }
```

　　在初始化变量时调用,即在 init 函数中调用_refreshSkill( )函数:

```
1.  public init(baseInfo: any, layerInfo: any) {
2.    ...
```

```
3.
4.    this._refreshSkill();
5.  }
```

这样,我们就将怪物的技能存储进了 allSkillInfo。

6.4.2　玩家攻击函数

声明 attackPlayer()函数,并在 playAction()函数的 STOP_MOVE 状态中调用该
函数:

```
1.  public playAction (obj: any) {
2.    this._action = obj.action;
3.
4.    switch (obj.action) {
5.      case Constant.MONSTER_ACTION.MOVE:
6.        let angle = obj.value + 135;
7.        let radian = angle * macro.RAD;
8.        this._horizontal = Math.round(Math.cos(radian) * 1);
9.        this._vertical = Math.round(Math.sin(radian) * 1);
10.       this.isMoving = true;
11.       break;
12.     case Constant.MONSTER_ACTION.STOP_MOVE:
13.       let angle_1 = obj.value + 135;
14.       let radian_1 = angle_1 * macro.RAD;
15.       this._horizontal = Math.round(Math.cos(radian_1) * 1);
16.       this._vertical = Math.round(Math.sin(radian_1) * 1);
17.       this.isMoving = false;
18.       this.scriptCharacterRigid.stopMove();
19.
20.       if (GameManager.ndPlayer) {
21.         this._attackPlayer();                      // 新加的代码
22.       } else {
23.         this.scriptMonsterModel.playAni(Constant.MONSTER_ANI_TYPE.IDLE, true);
24.       }
25.       break;
26.     default:
27.         break;
28.   }
29. }
30. protected _attackPlayer () {
31.   if (this.scriptMonsterModel.isAttacking) {
32.     return;
33.   }
34.
35.   Vec3.subtract(this._offsetPos_2, GameManager.ndPlayer.worldPosition, this.node.worldPosition);
36.   this.attackForward = this._offsetPos_2.normalize().negative();
37.   this.attackForward.y = 0;
38.   this.attackPos.set(GameManager.ndPlayer.worldPosition);
39.
40.
41.   this.playAttackAni();
42. }
```

6.4.3 根据技能播放动画

接下来,实现根据技能选择并播放攻击动画的函数。基本逻辑为:判断技能是否存在 length 属性,如果有则认为可以播放远程攻击动画,播放动画时通过回调函数调用 monsterMove():

```
1.   public playAttackAni () {
2.     let attackAniName = Constant.MONSTER_ANI_TYPE.ATTACK;
3.     if (this.baseInfo.resName === "hellFire") {
4.       //hellFire 的攻击动画有两个,其他小怪动画只有一个
5.       if (!this.allSkillInfo.length) {
6.         //近战
7.         attackAniName = Constant.MONSTER_ANI_TYPE.ATTACK_1;
8.       } else {
9.         //远程
10.        attackAniName = Constant.MONSTER_ANI_TYPE.ATTACK_2;
11.      }
12.    }
13.
14.    //远程
15.    if (this.allSkillInfo.length) {
16.      this.scriptMonsterModel.playAni(attackAniName, false, () =>{
17.        if (!this.scriptMonsterModel.isHitting) {
18.          this.scheduleOnce(() =>{
19.            this._monsterMove()
20.          }, this.baseInfo.moveFrequency)
21.        }
22.      });
23.    } else {
24.      //近战
25.      let offsetLength = Util.getTwoNodeXZLength(this.node, GameManager.ndPlayer);
26.      if (offsetLength <= this._minLength) {
27.        this.scriptMonsterModel.playAni(attackAniName, false, () =>{
28.          if (!this.scriptMonsterModel.isHitting) {
29.            this.scheduleOnce(() =>{
30.              this._monsterMove()
31.            }, this.baseInfo.moveFrequency)
32.          }
33.        });
34.      } else {
35.        if (!this.scriptMonsterModel.isHitting) {
36.          this.scheduleOnce(() =>{
37.            this._monsterMove()
38.          }, this.baseInfo.moveFrequency)
39.        }
40.      }
41.    }
42.  }
```

6.4.4 通过动画帧事件释放技能

打开 monsterModel.ts 脚本,设置动画帧事件将要触发的函数:

```
1.  onFrameAttack (isNormalAttack: boolean = true) {
2.    this.scriptMonster.releaseSkillToPlayer(isNormalAttack);
3.  }
```

同时,回到 monster.ts 实现具体功能,即加载对应的技能预制体到场景中。在技能释放结束后,会更新技能列表,循环到怪物所拥有的下一个技能,然后继续释放攻击:

```
1.  public releaseSkillToPlayer (isNormalAttack?:boolean) {
2.    //没有技能则使用近战
3.    if (!this.allSkillInfo.length) {
4.      return;
5.    }
6.
7.    //加载对应技能
8.    ResourceUtil.loadEffectRes(```{this.skillInfo.resName}/``{this.skillInfo.resName}`).then((prefab: any) =>{
9.      if (this.isMoving) {
10.       return;
11.     }
12.     this._ndMonsterSkill = PoolManager.instance.getNode(prefab, GameManager.ndGameManager as Node) as Node;
13.     this._ndMonsterSkill.setWorldPosition(this.node.worldPosition.x, 2.5, this.node.worldPosition.z);
14.     this._ndMonsterSkill.forward = this.attackForward.negative();
15.
16.     this._refreshSkill();
17.   })
18. }
```

最后,逐个打开怪物模型,将 onFrameAttack()作为回调函数绑定在怪物模型 body 节点 attack 动画的 0 至 08 帧上。至此开始演示,就可以看到怪物在进入合适距离范围、触发 _stayRotateAttack()行为后,会在其所在位置生成技能预制体。

6.4.5 技能向玩家释放

最后,加载每个技能预制体上的脚本,在 releaseSkillToPlayer()函数中调用 this._refreshSkill()之前的行,并加入如下代码:

```
1.  let scriptSkillCollider: any = null!;
2.
3.  //怪物技能初始化
4.  switch (this.skillInfo.ID) {
5.    case Constant.MONSTER_SKILL.ENERGY_BALL:
6.      scriptSkillCollider = this._ndMonsterSkill.getComponent(EnergyBall) as EnergyBall;
7.      scriptSkillCollider.init(this.skillInfo, this.baseInfo, this);
8.      break;
9.    case Constant.MONSTER_SKILL.FIRE_BALL:
10.     scriptSkillCollider = this._ndMonsterSkill.getComponent(FireBall) as FireBall;
11.     scriptSkillCollider.init(this.skillInfo, this.baseInfo, this);
12.     break;
13.   case Constant.MONSTER_SKILL.DISPERSION:
14.     this._ndMonsterSkill.children.forEach((ndChild: Node, idx: number) =>{
15.       let scriptSkillCollider = ndChild.getComponent(Dispersion) as Dispersion;
16.       scriptSkillCollider.init(this.skillInfo, this.baseInfo);
```

```
17.     })
18.       break;
19.     case Constant.MONSTER_SKILL.TORNADO:
20.       scriptSkillCollider = this._ndMonsterSkill.getComponent(Tornado) as Tornado;
21.       scriptSkillCollider.init(this.skillInfo, this.baseInfo, this);
22.       break;
23.     case Constant.MONSTER_SKILL.FIRE_BALL_BIG:
24.       scriptSkillCollider = this._ndMonsterSkill.getComponent(FireBallBig) as FireBallBig;
25.       scriptSkillCollider.init(this.skillInfo, this.baseInfo, this);
26.       break;
27.     case Constant.MONSTER_SKILL.DISPERSION_SURROUND:
28.       this._ndMonsterSkill.children.forEach((ndChild: Node) =>{
29.         let scriptSkillCollider = ndChild.getComponent(DispersionSurround) as Dispersion-
Surround;
30.         scriptSkillCollider.init(this.skillInfo, this.baseInfo);
31.       })
32.       break;
33.     case Constant.MONSTER_SKILL.LASER:
34.       scriptSkillCollider = this._ndMonsterSkill.getComponent(Laser) as Laser;
35.       scriptSkillCollider.init(this.skillInfo, this.baseInfo, this);
36.       break;
37. }
```

脚本的功能就是调用各个技能预制体身上挂载的脚本的初始化函数,这些脚本的功能与之前展示玩家技能的 arrow.ts 脚本的功能异曲同工。同时,记得导入依赖的脚本库:

```
1.  import { DispersionSurround } from './monsterSkill/dispersionSurround';
2.  import { Laser } from './monsterSkill/laser';
3.  import { FireBallBig } from './monsterSkill/fireBallBig';
4.  import { Tornado } from './monsterSkill/tornado';
5.  import { Dispersion } from './monsterSkill/dispersion';
6.  import { FireBall } from './monsterSkill/fireBall';
7.  import { EnergyBall } from './monsterSkill/energyBall';
```

至此开始演示,可以看到怪物的技能已经可以瞄准并向玩家释放。

观看视频

6.5　技能伤害

在本讲中,我们将血条 UI 及其脚本导入,在主场景中加载,并为玩家和怪物技能增加伤害,最后在玩家或怪物死亡时播放死亡动画。我们已经导入了血条相关的图片素材,但这些图片素材无法自动挂载,建议用本讲 res/texture 文件夹内的图片及 meta 文件覆盖工程内现有同名文件(与前几讲处理不同)。血条预制体(playerBloodBar 和 monsterBloodBar)导入后,务必双击查看是否有显示错误,若显示错误则需要重新手动完成挂载,最终效果如图 6.4 所示。

6.5.1　玩家血条

1. 玩家血条功能

我们导入的血条预制体上挂载的 playerBloodBar.ts,包含 show()和 refreshBlood()两个函数,其中 show()函数对血条内各个组成部分的尺寸进行了初始化,并定义了血条 UI

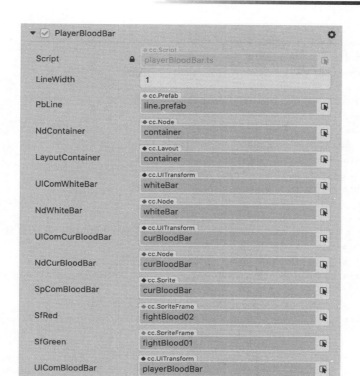

图 6.4 玩家血条挂载内容

在界面中的初始位置,后续由 update 函数不断更新使得血条跟随玩家模型移动。refreshBlood()函数负责根据传入的血量变化值计算比例,更改血条内绿色部分的大小,以实现血条随玩家血量变化的功能:

```
1.  public refreshBlood (num: number, isIncreaseLimit: boolean = false) {
2.    if(this._scriptParent.isDie){
3.      return;
4.    }
5.    this.curBlood += num;
6.    this.curBlood = clamp(this.curBlood, 0, this._totalBlood);
7.    let ratio = this.curBlood / this._totalBlood;
8.
9.    if (num < 0) {                                        //减血
10.     ratio = ratio <= 0 ? 0 : ratio;
11.
12.       this.UIComCurBloodBar.setContentSize (this._bloodBarWidth * ratio, this._
    bloodBarHeight * 0.8);
13.
14.     if (ratio > 0) {
15.       this.ndContainer.children.forEach((ndChild: Node) =>{
16.         let spComLine = ndChild.getComponent(SpriteComponent) as SpriteComponent;
17.
18.         if (spComLine.enabled && ndChild.position.x > this._bloodBarWidth * ratio) {
19.           spComLine.enabled = false;
20.         }
21.       })
```

```
22.
23.        tween(this.UIComWhiteBar)
24.        .to(0.7, {width: this._bloodBarWidth * ratio})
25.        .call(() =>{
26.
27.        })
28.        .start();
29.      } else {
30.        // PoolManager.instance.putNode(this.node);
31.        this.node.active = false;
32.        this._scriptParent.isDie = true;
33.        this.curBlood = 0;
34.      }
35.    } else {                                //加血
36.      if (isIncreaseLimit) {               //增加上限,并增加多出来的血量,最多不超过上限
37.        this.curBlood += num;
38.        this._totalBlood += num;
39.        this.curBlood = this.curBlood >= this._totalBlood ? this._totalBlood : this.curBlood;
40.        ratio = this.curBlood / this._totalBlood;
41.      } else {                             //普通加血,最多不超过上限
42.        ratio = ratio >= 1 ? 1 : ratio;
43.      }
44.
45.      tween(this.UIComCurBloodBar)
46.      .to(1, {width: this._bloodBarWidth * ratio})
47.      .call(() =>{
48.        this.show(this._scriptParent, this._totalBlood, this.curBlood, this._offsetPos, this._scale, null);
49.
50.      })
51.      .start();
52.    }
53. }
```

2. 玩家血条显示

打开 script/framework 下的 uiManager.ts 脚本,其中 showPlayerBloodBar()函数实现了玩家血条的动态加载,并调用 playerBloodBar 的 show()函数:

```
1.  public showPlayerBloodBar (scriptParent: any, totalBlood: number, curBlood: number,
    callback: Function = () =>{}, offsetPos: Vec3 = v3_playerBloodOffsetPos, scale: Vec3 = v3_
    playerBloodScale) {
2.    ResourceUtil.getUIPrefabRes('fight/playerBloodBar', function (err: any, prefab: any) {
3.      if (err) {
4.        return;
5.      }
6.
7.      let ndBloodBar = PoolManager.instance.getNode(prefab, find("Canvas") as Node) as Node;
8.      ndBloodBar.setSiblingIndex(0);
9.      let scriptBloodBar = ndBloodBar.getComponent(PlayerBloodBar) as PlayerBloodBar;
10.     scriptParent.scriptBloodBar = scriptBloodBar;
11.     scriptBloodBar.show(scriptParent, totalBlood, curBlood, offsetPos, scale, callback);
12.   });
13. }
```

打开玩家控制脚本 player.ts，增加声明如下变量，并在其 init() 函数内增加血条的显示功能：

```
1.  // 血条相关
2.  private _bloodTipOffsetPos: Vec3 = new Vec3(-10, 150, 0);          //血量提示和玩家间距
3.  public scriptBloodBar: PlayerBloodBar = null!;                     //血条绑定脚本
4.
5.  public init() {
6.    this.isMoving = false;
7.    this.scriptCharacterRigid = this.node.getComponent(characterRigid) as characterRigid;
8.
9.    UIManager.instance.showPlayerBloodBar(this, 500, 500, () =>{}, this._bloodTipOffsetPos);
10.
11.   this.scriptPlayerModel.playAni(Constant.PLAYER_ANI_TYPE.IDLE, true);
12.   this.scriptPlayerModel.init();
13. }
```

至此开始演示，就可以看到玩家模型头顶出现血条并不断跟随。

3. 玩家血条减少

接下来，为 player.ts 增加 reduceBlood() 函数，其中包含了对玩家所遭受伤害的计算，并根据伤害值调用血条脚本的 refreshBlood() 函数：

```
1.  public reduceBlood (baseInfo: any) {
2.    let damage = baseInfo.attackPower  * (1 - 100 / (100 + 400));
3.    let isCriticalHit = Math.random() <= baseInfo.criticalHitRate;    //是否暴击
4.    if (isCriticalHit) {
5.      damage = damage * baseInfo.criticalHitDamage;
6.
7.    this.scriptBloodBar.refreshBlood(-damage);
8.  }
```

6.5.2　怪物技能碰撞

在 script/fight 文件夹下新建脚本 monsterSkillCollider.ts，双击打开后，导入依赖库并声明如下内容：

```
1.  import { GameManager } from './gameManager';
2.  import { _decorator, Component, MeshColliderComponent, BoxColliderComponent, CylinderColliderComponent, ITriggerEvent, Enum, CapsuleColliderComponent, SphereCollider, Node, ICollisionEvent } from 'cc';
3.  import { DispersionSurround } from './monsterSkill/dispersionSurround';
4.  import { Dispersion } from './monsterSkill/dispersion';
5.  import { EnergyBall } from './monsterSkill/energyBall';
6.  import { FireBall } from './monsterSkill/fireBall';
7.  import { FireBallBig } from './monsterSkill/fireBallBig';
8.  import { Laser } from './monsterSkill/laser';
9.  import { Tornado } from './monsterSkill/tornado';
10. import { PoolManager } from '../framework/poolManager';
11. //怪物武器碰撞器/触发器脚本
12. const { ccclass, property } = _decorator;
13.
14. const COLLIDER_NAME = Enum ({
15.   ENERGY_BALL: 1,                                                   //直线飞行能量球
```

```
16.      FIRE_BALL: 2,                              //直线飞行小火球
17.      JET_FIRES: 3,                              //直线范围型的火焰
18.      DISPERSION: 4,                             //180°散射
19.      TORNADO: 5,                                //旋转前进的龙卷风
20.      FIRE_BALL_BIG: 6,                          //直线下坠的大火球
21.      DISPERSION_SURROUND: 7,                    //360°六角形散射
22.      LASER: 8,                                  //直线激光
23.   })
24.
25.   @ccclass('MonsterSkillCollider')
26.   export class MonsterSkillCollider extends Component {
27.      @property({
28.        type: COLLIDER_NAME,
29.        displayOrder: 1
30.      })
31.      public colliderName: any = COLLIDER_NAME.ENERGY_BALL;   //碰撞体/触发器类型名称
32.
33.      public colliderCom: any = null;
34.      public static COLLIDER_NAME = COLLIDER_NAME;
35.   }
```

1. 碰撞检测

接下来,开启碰撞事件的监听:

```
1.   onLoad () {
2.      this.colliderCom = this.node.getComponent(BoxColliderComponent) || this.node.
getComponent(CylinderColliderComponent) || this.node.getComponent(SphereCollider) ||
this.node.getComponent(CapsuleColliderComponent) || this.node.getComponent
(MeshColliderComponent) || this.node.getComponent(CylinderColliderComponent);
3.   }
4.
5.   onEnable () {
6.      if (this.colliderCom.isTrigger) {
7.        this.colliderCom.on('onTriggerEnter', this._onTriggerEnterCb, this);
8.      } else {
9.        this.colliderCom.on('onCollisionEnter', this._onCollisionEnterCb, this);
10.     }
11.  }
12.
13.  onDisable () {
14.     if (this.colliderCom.isTrigger) {
15.       this.colliderCom.off('onTriggerEnter', this._onTriggerEnterCb, this);
16.     } else {
17.       this.colliderCom.off('onCollisionEnter', this._onCollisionEnterCb, this);
18.     }
19.  }
20.
21.  private _onTriggerEnterCb (event: ITriggerEvent) {
22.     this._hitTarget(event.otherCollider);
23.  }
24.
25.  private _onCollisionEnterCb (event: ICollisionEvent) {
26.       this._hitTarget(event.otherCollider);
27.  }
```

　　碰撞事件没有事件的分发,属于系统自带的物理事件的一部分,在碰撞发生时自动广播事件,其中又包括触发器事件和碰撞体事件两种。当物体的碰撞体组件中 IsTrigger 设置为 true 时,组件变为触发器,不产生实际的碰撞(见图 6.5)。两者的区别如下:

　　(1) 触发器不会与其他触发器或者碰撞器做更精细的检测。

　　(2) 碰撞器与碰撞器会进行更精细的检测,并会产生碰撞数据,如碰撞点、法线等。

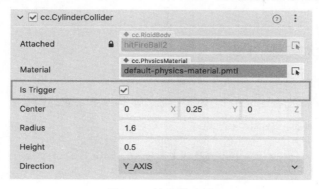

图 6.5　触发器选项

2. 触发器事件

　　接收到触发事件的前提是两者都必须带有碰撞组件,并且至少有一个是触发器类型,同时确保至少有一个物体是非静态刚体。

　　触发事件目前包括表 6.2 中的三种。

表 6.2　触发事件类型

事　　件	描　　述
onTriggerEnter	触发开始时触发该事件
onTriggerStay	触发保持时会频繁触发该事件
onTriggerExit	触发结束时触发该事件

其中,可产生触发事件的碰撞组合如表 6.3 所示。

表 6.3　触发器允许碰撞的组合

类　　型	静 态 刚 体	运 动 学 刚 体	动 力 学 刚 体
静态刚体		√	√
运动学刚体	√	√	√
动力学刚体	√	√	√

3. 碰撞体事件

　　接收到碰撞事件的前提是,两者都必须带有碰撞组件、至少有一个是非静态刚体并且使用的是非 builtin 的物理引擎。碰撞事件目前包括表 6.4 中的三种。

表 6.4　碰撞体事件类型

事　　件	说　　明
onCollisionEnter	碰撞开始时触发该事件
onCollisionStay	碰撞保持时会频繁触发该事件
onCollisionExit	碰撞结束时触发该事件

其中,可产生触发事件的碰撞组合如表 6.5 所示。

表 6.5　碰撞体允许碰撞的组合

类　型	静　态　刚　体	运动学刚体	动力学刚体
静态刚体		√	√
运动学刚体	√	√	√
动力学刚体	√	√	√

6.5.3　怪物技能伤害

1. 调用玩家扣血

在 monsterSkillCollider.ts 中实现调用玩家脚本扣血功能的函数:

```
1.    private _hitPlayer (baseInfo: any) {
2.      if (!baseInfo) {
3.        console.warn("＃＃＃找不到技能来源敌人", this.colliderName);
4.        return;
5.      }
6.      GameManager.scriptPlayer.reduceBlood(baseInfo);
7.    }
```

2. 根据技能名造成伤害

接下来,实现玩家技能碰撞时触发的回调函数:

(1) 其中,otherCollider.getGroup()获取了当前技能碰撞体所属的物理碰撞层,这在碰撞体所属节点、属性编辑器内的刚体组件内进行设置。而项目目前所包含的物理层可在顶部菜单"项目"→"项目设置"→"物理"的碰撞矩阵内设置(见图 6.6),若已经设置完成,则将 otherCollider.getGroup()==1 作为判断条件即可。

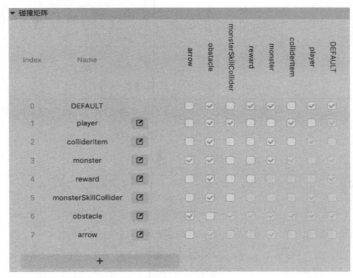

图 6.6　项目最终的碰撞矩阵

(2) 不同技能的伤害保存在其技能脚本的 baseInfo 属性内,baseInfo 在技能释放被初始化时在 init()函数内已经传入:

```
1.  private _hitTarget (otherCollider: any) {
2.    if (otherCollider.getGroup() == 1  && GameManager.ndPlayer) {
3.      let scriptSkillCollider: any = null;
4.
5.      switch (this.colliderName) {
6.        case COLLIDER_NAME.ENERGY_BALL:
7.          PoolManager.instance.putNode(this.node);
8.
9.          scriptSkillCollider = this.node.getComponent(EnergyBall) as EnergyBall;
10.         this._hitPlayer(scriptSkillCollider.baseInfo);
11.         break;
12.       case COLLIDER_NAME.FIRE_BALL:
13.         //不在这里回收节点,在 fireBall 里面会回收
14.         scriptSkillCollider = this.node.parent?.getComponent(FireBall) as FireBall;
15.
16.         this._hitPlayer(scriptSkillCollider.baseInfo);
17.         break;
18.       case COLLIDER_NAME.DISPERSION:
19.         //注意,这里不回收节点,只回收父节点
20.         scriptSkillCollider = this.node.getComponent(Dispersion) as Dispersion;
21.         scriptSkillCollider.hide();
22.
23.         this._hitPlayer(scriptSkillCollider.baseInfo);
24.         break;
25.       case COLLIDER_NAME.TORNADO:
26.         scriptSkillCollider = this.node.parent?.getComponent(Tornado) as Tornado;
27.         this._hitPlayer(scriptSkillCollider.baseInfo);
28.         break;
29.       case COLLIDER_NAME.FIRE_BALL_BIG:
30.         scriptSkillCollider = this.node.parent?.getComponent(FireBallBig) as FireBallBig;
31.         this._hitPlayer(scriptSkillCollider.baseInfo);
32.         break;
33.       case COLLIDER_NAME.DISPERSION_SURROUND:
34.         //注意,这里不回收,只回收父节点
35.         scriptSkillCollider = this.node.getComponent(DispersionSurround) as DispersionSurround;
36.         scriptSkillCollider.hide();
37.         this._hitPlayer(scriptSkillCollider.baseInfo);
38.         break;
39.       case COLLIDER_NAME.LASER:
40.         scriptSkillCollider = this.node.parent?.getComponent(Laser) as Laser;
41.         this._hitPlayer(scriptSkillCollider.baseInfo);
42.         break;
43.     }
44.   }
45. }
```

3. 回收技能

在怪物技能并非击中玩家而是击中其他物体时,需要对技能进行回收。在 6.5.2 节的 if 语句后加入一个 else 条件即可完成技能的回收:

```
1.  private _hitTarget (otherCollider: any) {
2.    if (otherCollider.getGroup() == 1  && GameManager.ndPlayer) {
3.
```

```
4.     ...// 21.3.2 的内容
5.
6.     } else {
7.       //技能碰到游戏中的障碍则回收
8.       let scriptSkillCollider: any = null;
9.
10.      switch (this.colliderName) {
11.        case COLLIDER_NAME.ENERGY_BALL:
12.          scriptSkillCollider = this.node.getComponent(EnergyBall) as EnergyBall;
13.          if (!scriptSkillCollider.skillInfo.penetrate) {
14.            PoolManager.instance.putNode(this.node);
15.          }
16.          break;
17.        case COLLIDER_NAME.DISPERSION:
18.          scriptSkillCollider = this.node.getComponent(Dispersion) as Dispersion;
19.          if (!scriptSkillCollider.skillInfo.penetrate) {
20.            scriptSkillCollider.hide();
21.          }
22.          break;
23.        case COLLIDER_NAME.TORNADO:
24.          scriptSkillCollider = this.node.parent?.getComponent(Tornado) as Tornado;
25.          if (!scriptSkillCollider.skillInfo.penetrate) {
26.            PoolManager.instance.putNode(this.node.parent as Node);
27.          }
28.          break;
29.        case COLLIDER_NAME.DISPERSION_SURROUND:
30.          scriptSkillCollider = this.node.getComponent(DispersionSurround) as DispersionSurround;
31.          if (!scriptSkillCollider.skillInfo.penetrate) {
32.            scriptSkillCollider.hide();
33.          }
34.          break;
35.      }
36.    }
37. }
```

接下来,将 monsterSkillCollider.ts 挂载到图 6.7 所示的所有预制体上。同时逐一修改其物理碰撞分组和碰撞体名两个属性。

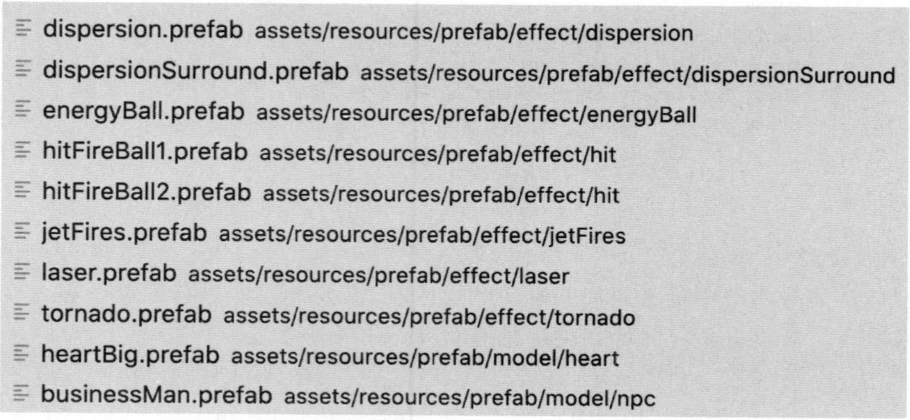

图 6.7 挂载 monsterSkillCollider.ts 脚本的所有预制体

此时开始演示,应该能看到怪物技能命中玩家后对玩家造成伤害,血条扣血。若无法正常触发,请仔细核对图 6.8 中技能预制体的两个属性,并耐心调试。

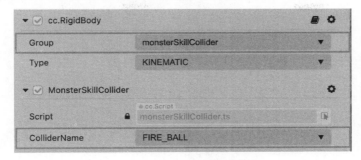

图 6.8　技能预制体的两个属性

6.5.4　玩家技能伤害

1. 怪物扣血

和玩家血条不同,只有被玩家技能击中的怪物才会在头上显示血条,因此在 monster.ts 脚本内,血条的显示被放入怪物扣血的函数内实现:

```
1.  public scriptBloodBar: MonsterBloodBar = null!;          //关联的血条脚本
2.  protected _isInitBloodBar:179oolean = false;             //是否已经初始化血条
3.  protected _curAttackInterval: number = 0;                //距离上次被攻击的时长
4.
5.  public refreshBlood (bloodNum: number, tipType: number) {
6.      let cb = () => {
7.          this.scriptBloodBar.refreshBlood(bloodNum);
8.      }
9.
10.     this._curAttackInterval = 0;
11.
12.     if (!this._isInitBloodBar) {
13.         this._isInitBloodBar = true;
14.         console.log("＃＃＃小怪生成新的血条", this.node.name);
15.         UIManager.instance.showMonsterBloodBar(this, this.baseInfo.hp, () =>{
16.             cb();
17.         });
18.     } else {
19.         if (this.scriptBloodBar) {
20.             this.scriptBloodBar.node.active = true;
21.             cb();
22.         }
23.     }
24. }
```

接下来,在 monster.ts 内实现 playHit() 函数,表示怪物在受击时调用的函数,其中就包括扣血:

```
1.  public playHit () {
2.
```

```
3.      let tipType = Constant.FIGHT_TIP.REDUCE_BLOOD;
4.      let damage = 20 * (1 - this.baseInfo.defensePower / (this.baseInfo.defensePower + 400));
5.
6.      this.refreshBlood(-damage, tipType);
7.   }
```

2. 玩家技能碰撞

对玩家技能来说,其技能碰撞体就在射出的箭矢上。因此我们直接在 arrow.ts 内增加碰撞检测和回调:

```
1.   //扣血相关
2.
3.   private _colliderCom: BoxColliderComponent = null!;
4.
5.   18oolea () {
6.      this._colliderCom = this.node.getComponent(BoxColliderComponent) as BoxColliderComponent;
7.   }
8.
9.   onEnable () {
10.     this._colliderCom.on('onTriggerEnter', this._onTriggerEnterCb, this);
11.  }
12.
13.  onDisable () {
14.     this._colliderCom.off('onTriggerEnter', this._onTriggerEnterCb, this);
15.  }
16.
17.  private _onTriggerEnterCb (event: ITriggerEvent) {
18.     let otherCollider = event.otherCollider;
19.
20.     if (otherCollider.getGroup() == 4) {
21.        //箭碰到敌人
22.        let ndMonster = otherCollider.node as Node;
23.        let scriptMonster = ndMonster.getComponent(monster) as monster;
24.        let scriptArrow = this.node.getComponent(arrow) as arrow;
25.
26.        scriptArrow.hideArrow();
27.        scriptMonster.playHit();
28.
29.     } else {
30.        //箭碰到游戏中的障碍则回收
31.        let scriptArrow = this.node.getComponent(arrow) as arrow;
32.        scriptArrow.hideArrow();
33.     }
34.  }
```

与怪物技能一样,注意查看和修改自己的玩家技能内箭矢的物理碰撞分组(在"prefab/model/weapon/arrow"内所有预制体的所有 arrowItem 子对象都要修改,以图 6.9 为例),并按实际情况修改 otherCollider.getGroup() == 4 这一判断条件。

此时演示,应该能看到被玩家箭矢击中的怪物头顶出现血条并开始扣血,如图 6.10 所示。

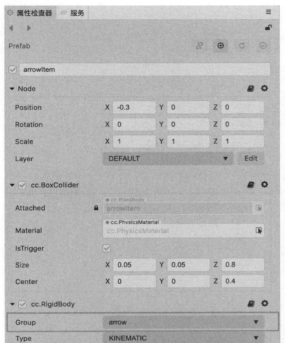

图 6.9 查看或修改箭矢的碰撞体组

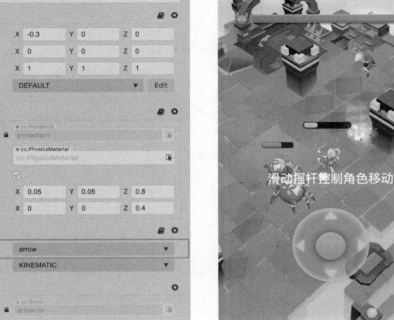

图 6.10 伤害效果演示

6.5.5 怪物与玩家死亡

1. 怪物死亡

在怪物血条脚本 monsterBloodBar.ts 脚本的 refreshBlood() 函数中,已经包含了 if (num<0),即血量为 0 的部分。其中,this._scriptParent.isDie==true;对怪物节点的 isDie 属性进行了设置。因此我们在 monster.ts 脚本中实现该属性,并在该属性的 set() 函数内调用显示死亡效果的函数:

```
1.  // 死亡相关
2.  protected _isDie: boolean = false;              //是否死亡
3.  public set isDie (v: boolean) {
4.    this._isDie = v;
5.
6.    if (this._isDie) {
7.      this.showDie();
8.    }
9.  }
10.
11. public get isDie () {
12.   return this._isDie;
13. }
14.
15. public showDie () {
```

```
16.      this.scriptCharacterRigid.stopMove();
17.
18.      this.scriptMonsterModel.playAni(Constant.MONSTER_ANI_TYPE.DIE, false, () =>{
19.        if (this.isDie) {
20.          if (this.scriptBloodBar) {
21.            this.scriptBloodBar = null!
22.          }
23.
24.          PoolManager.instance.putNode(this.node);
25.        }
26.      });
27.    }
```

然后在怪物死亡后,停止移动及扣血行为。在 monster.ts 的 update()函数内增加判断条件,避免怪物在死亡后移动:

```
1.    update (deltaTime: number) {
2.      if(this.isDie){
3.        return;
4.      }
5.
6.      … //其他原有内容
7.    }
```

此外,在 monsterBloodBar.ts 的 refreshBlood()函数内增加判断条件,避免怪物在死亡后依然扣血:

```
1.    public refreshBlood (num: number) {
2.      if(this._scriptParent.isDie){
3.        return;
4.      }
5.
6.      …//其他原有内容
7.    }
```

至此开始演示,玩家攻击怪物至怪物血量为 0 时,会播放怪物死亡动画,并通过 poolManager 回收怪物节点。

2. 玩家死亡

玩家死亡的逻辑与怪物死亡的逻辑基本相同,在玩家血条脚本 monsterBloodBar.ts 脚本的 refreshBlood()函数中,已经包含了 if (num < 0),即血量为 0 的部分。在 player.ts 脚本中实现 isDie 属性,并在该属性的 set()函数内调用显示死亡效果的函数:

```
1.    // 死亡相关
2.    private _isDie: boolean = false;                        //主角是否阵亡
3.    public set isDie (v: boolean) {
4.      this._isDie = v;
5.
6.      if (this._isDie) {
7.        this._showDie();
8.      }
9.    }
10.
11.   public get isDie () {
12.     return this._isDie;
```

```
13.  }
14.
15.  private _showDie () {
16.      this.scriptCharacterRigid.stopMove();
17.
18.      this.scriptPlayerModel.playAni(Constant.PLAYER_ANI_TYPE.DIE, false);
19.  }
```

此时死亡动画会与移动动画冲突，需要在 player.ts 的 update()函数内增加判断条件：

```
1.  update (deltaTime: number) {
2.      if(this.isDie){
3.          return;
4.      }
5.
6.      ...//其他原有内容
7.  }
```

同时，在 playerBloodBar.ts 脚本的开头增加判断条件：

```
1.  public refreshBlood (num: number) {
2.      if(this._scriptParent.isDie){
3.          return;
4.      }
5.
6.      ...//其他原有内容
7.  }
```

至此演示，在玩家血条清空时会播放死亡动画。死亡动画可能会循环播放，这是因为我们没有在 gameManager 内实现更多游戏状态管理。

6.6 小结

观看视频

本章基于前述章节的案例，进行了一个完整的 VR 应用开发。本章重点覆盖了玩家和怪物的技能实现，以及相互间的技能互动。开发一个完整的应用是帮助读者完成动手实践的最好方法，希望读者能够在动手过程中，提高自己的项目开发能力，也对 VR 技术有更深入的理解。

习题

独立完成该应用开发。如需完整的开发教程和项目素材，读者亦可查阅本书附带的资源。

第 7 章

正式项目发布

本章将介绍项目发布相关的内容,不再对项目本身做更多实现。完整的项目工程在本章对应的资源文件内提供,可用于在设备上发布。关于项目工程内的其他内容,有兴趣的读者可对照项目和源码自主进行学习。

7.1 Cocos Creator XR 简介

Cocos CreatorXR 是基于 Cocos Creator 和 Cocos Engine 打造的一款 XR 内容创作工具。底层通过支持 OpenXR 标准协议来抹平不同 XR 设备之间的差异,可以一站式对创作内容进行开发,并发布到不同的 XR 设备中,而无须去适配不同设备的 I/O 项;中层封装了一系列不同功能的 XR 中间件来提供 XR 内容创作支持,并支持用户自定义扩展组件内容;上层基于 Cocos Creator 面板扩展出多种形式的 XR 功能菜单和组件样式,为用户提供更为便利的内容创作界面。

图 7.1 展示了 OpenXR 架构图。其中包括:

(1) VR App。由开发者开发的 VR 游戏或 VR 应用,直接面向消费者呈现。消费者可下载并安装 VR 应用进行体验。

(2) Unity/UNREAL/Cocos/WEBXR。各种游戏引擎,上层应用使用这些工具来进行开发,我们在这里选择国产化引擎 Cocos。

(3) Runtime。XR 的运行环境,可以认为是 XR OS。它承载着 XR 关键的算法,有着承上启下的作用,属于 XR 的核心。

(4) VR DEVICE。VR 硬件设备,包括硬件层面驱动。

OPENXR 主要包括两个层级的接口。

(1) Device Plugin Interface,它是建立 Runtime 与不同的硬件之间的接口,如 Steamvr 提供了一个通用的 Runtime 环境,硬件厂家只需要提供硬件相关的参数以及底层接口,Steamvr 即可运行在不同的 VR 硬件设备上。

(2) Application Interface,游戏引擎与 Runtime 厂家之间的接口。当该接口统一之后,应用层基于某个游戏引擎开发的应用,无须关注不同厂家的 Runtime 平台了,类似当一个应用开发后,可以跨硬件或跨系统运行。

总结,在 OpenXR 建立的接口标准中,位于 Application Interface 和 Device Plugin

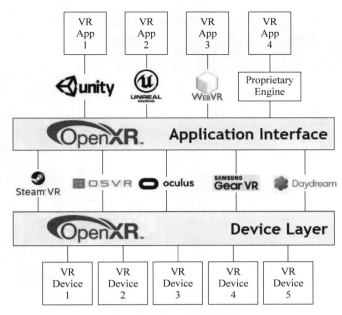

图 7.1 OpenXR 架构图

Interface 中的 Runtime 层尤为重要,是将来的 XR OS,属于各个厂家必争之地。

Cocos CreatorXR 对所支持的预置、功能组件、内容打包和发布全部是基于扩展来进行开启/关闭的。Cocos CreatorXR 的安装方式和普通的扩展一致,单击顶部菜单的"扩展"→"商城",找到并添加 XR-Plugin,如图 7.2 所示。

图 7.2 扩展商城

如图 7.3 所示,将对应的插件安装到本项目。

之后在"扩展"→"扩展管理器"里启用相关插件,可以根据不同的 XR 设备启用不同的插件(见图 7.4)。表 7.1 是扩展插件对应的功能。

图 7.3 安装 XR 扩展插件

图 7.4 在扩展管理器开启 XR 功能

表 7.1　XR 扩展功能清单

名　　称	描　　述
xr-plugin	开启所有 XR 相关的预制体和组件。必须开启这些扩展才可以正常开发,如果禁用,则相关组件无法使用
xr-meta	开启支持 XR 内容发布至 Meta Quest/Quest2 设备的功能。可选
xr-pico	开启支持 XR 内容发布至 Pico Neo3 设备的功能。可选
xr-rokid	开启支持 XR 内容发布至 Rokid Air 设备的功能。可选
xr-monado	开启支持 XR 内容发布至移动端 Monado 平台的功能。可选
xr-huaweivr	开启支持 XR 内容发布至 HUAWEI VR Glass 的功能。可选

7.2　内置节点预制体

开启 xr-plugin 扩展后就可以允许在编辑器中使用传统创建对象的方式创建 XR 对象。之后在"层级管理器"中,右键选择"创建"→XR,右侧会出现当前可以创建的所有 XR 预制体。选择想要实例化生成的对象即可在场景中创建出来。开启后的内置节点预制体如表 7.2 所示。

表 7.2　升级为 XR 编辑器后的节点预制体

名　　称	描　　述	包 含 组 件
XR Agent	现实世界主角相关的信息在虚拟场景中的代理节点,同时具有用于控制虚拟世界中 XR 主角的生命周期的功能	TrackingOrigin
XR HMD	头显设备在虚拟世界中的抽象节点,基于 Camera 对象进行改造生成,用于同步现实世界中头显的输入信号并将引擎渲染结果输出至设备	Camera、AudioSource、HMDCtrl、MRSight、PoseTracker、TargetEye
Ray Interactor	用于进行远距离交互的射线交互器,包含对 XR 设备手柄控制器的 I/O 映射以及射线交互功能	PoseTracker、XRController、RayInteractor、Line
Direct Interactor	用于进行近距离直接交互的交互器,同时也包含了对 XR 设备手柄控制器的 I/O 映射以及交互功能	PoseTracker、XRController、DirectInteractor
Locomotion Checker	运动检查器,充当所有虚拟运动驱动访问 XR Agent 的仲裁者,可以保证固定时间内对唯一的运动状态的维持	LocomotionChecker
Teleportable	支持与交互器发生传送交互行为的交互物,可以传送 XR Agent 到此对象相关的一个位置	Teleportable、InteractableEvents
Simple Interactable	简易的交互物对象,用户可以在此对象上自定义扩展任意的交互行为	InteractableEvents
Grab Interactable	支持与交互器发生抓取行为的交互物	RigidBody、GrabInteractable、InteractableEvents

7.3　XR 界面的适配

本讲我们将对之前完成的游戏针对 XR 平台进行适配,适配完成后的完整工程可在本讲资源中获得,方便读者对照学习及进行后续发布章节的学习。

7.3.1　XR 组件

Cocos Creator XR 通过组件的组合封装为实体赋能,实体根据其不同特性又被不同的功能系统所管理。所以编辑器中所有与 XR 相关的功能底层都是由封装好的特殊 XR 组件驱动的。Cocos Creator XR 的功能组件主要由 5 部分构成:设备映射、交互组件、事件系统、虚拟移动组件、XR UI。

开启了 xr-plugin 扩展之后,想要给场景中的对象添加 XR 相关的功能组件可以在"属性检查器"中单击"添加组件"按钮,在出现的组件列表中找到 XR 分类,选择分类下想要添加的 XR 组件类别,再找到类别下的对应组件即可,如图 7.5 所示。

图 7.5　向场景中添加 XR 节点

7.3.2　界面的适配

原来的项目是针对竖屏设计的,这里我们调整设计分辨率为 1280px×720px,并将适配选项改为适配屏幕高度,如图 7.6 所示。

在起始页面(homePanel)中,只有两个按钮:BtnStart 和 BtnSetting。因此只需将之前界面按钮按下时触发的函数绑定到 XR 设备的手柄按键即可,即让手柄上的两个按键分别对应 Start 和 Setting 的功能。

打开 homePanel.ts,在里面声明设备手柄按键按下时将要触发的回调函数,并由节点

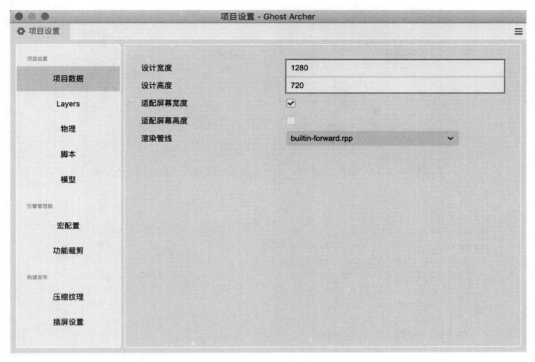

图 7.6 修改设计分辨率

监听。若编辑器出现错误高亮，记得导入依赖的库：

```
1.  onEnable () {
2.     input.on(Input.EventType.HANDLE_INPUT, this._handleEvent, this);
3.     input.on(Input.EventType.GAMEPAD_INPUT, this._gamepadEvent, this);
4.  }
5.
6.  onDisable () {
7.     input.off(Input.EventType.HANDLE_INPUT, this._handleEvent, this);
8.     input.off(Input.EventType.GAMEPAD_INPUT, this._gamepadEvent, this);
9.  }
10.
11. private _handleEvent(event : EventHandle) {
12. }
13. private _gamepadEvent(event : EventGamepad) {
14. }
```

其中，EventHandle 是 6DOF 手柄输入事件，即检测目前主流的具有 6 个移动方向感知功能的 VR 手柄的输入事件。在本项目中主要是为了在移植到带有控制器的 VR 设备时能够正常关闭起始菜单开始游戏。EventGamepad 是检测普通手柄的输入事件，在不具备输入设备的 AR 眼镜上，可以使用普通手柄进行输入来开始游戏（例如，Rokid AR 眼镜会在其外接的手机设备屏幕上显示一个虚拟手柄界面，如图 7.7 所示）。

之后，声明所需的变量，同时实现手柄按键触发的回调函数：

```
1.  private triggerLValue = false;
2.  private triggerRValue = false;
3.  private startValue = false;
```

图 7.7　触屏手柄界面

```
4.  private xValue = false;
5.  private menuValue = false;
6.  private _handleEvent(event : EventHandle) {
7.    const handleInputDevice = event.handleInputDevice;
8.    if (handleInputDevice.triggerLeft.getValue() === 1 && !this.triggerLValue) {
9.      this.triggerLValue = true;
10.     this.onBtnStartClick();
11.   } else if (handleInputDevice.triggerLeft.getValue() === 0) {
12.     this.triggerLValue = false;
13.   }
14.   if (handleInputDevice.triggerRight.getValue() === 1 && !this.triggerRValue) {
15.     this.triggerRValue = true;
16.     this.onBtnStartClick();
17.   } else if (handleInputDevice.triggerRight.getValue() === 0) {
18.     this.triggerRValue = false;
19.   }
20.   if (handleInputDevice.buttonWest.getValue() === 1 && !this.xValue) {
21.     this.xValue = true;
22.     this.onBtnStartClick();
23.   } else if (handleInputDevice.buttonWest.getValue() === 0) {
24.     this.xValue = false;
25.   }
26. }
27.
28. private _gamepadEvent(event : EventGamepad) {
29.   const gamepad = event.gamepad;
30.   if (gamepad.buttonL2.getValue() === 1 && !this.triggerLValue) {
31.     this.triggerLValue = true;
32.     this.onBtnStartClick();
33.   } else if (gamepad.buttonL2.getValue() === 0) {
34.     this.triggerLValue = false;
35.   }
36.   if (gamepad.buttonR2.getValue() === 1 && !this.triggerRValue) {
37.     this.triggerRValue = true;
38.     this.onBtnStartClick();
39.   } else if (gamepad.buttonR2.getValue() === 0) {
40.     this.triggerRValue = false;
41.   }
42.   if (gamepad.buttonStart.getValue() === 1 && !this.startValue) {
43.     this.startValue = true;
```

```
44.       this.onBtnStartClick();
45.     } else if (gamepad.buttonStart.getValue() === 0) {
46.       this.startValue = false;
47.     }
48.     if (gamepad.buttonWest.getValue() === 1 && !this.xValue) {
49.       this.xValue = true;
50.       this.onBtnStartClick();
51.     } else if (gamepad.buttonWest.getValue() === 0) {
52.       this.xValue = false;
53.     }
54.     if (gamepad.buttonOptions.getValue() === 1 && !this.menuValue) {
55.       this.menuValue = true;
56.       this.onBtnSettingClick();
57.     } else if (gamepad.buttonOptions.getValue() === 0) {
58.       this.menuValue = false;
59.     }
60.   }
```

暂停页面的适配则较为复杂，里面涉及一些声音设置、技能展示、主界面返回以及继续游戏等功能。简单粗暴地将按键功能绑定到手柄按钮上并不是一种合适的适配方法。因此我们使用按钮选择的方式进行适配。当选择某一按钮时，通过添加选择特效的方式可以使玩家清楚地知道自己选择了哪个按钮，如图 7.8 与图 7.9 所示。

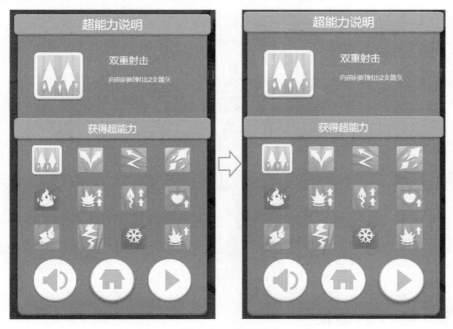

图 7.8　暂停界面

此页面的 gamepad 逻辑需要做出相应的调整。首先，将可选的页面元素进行编号，记为 arrCount。特定的按钮，如 PlayClick 有着特定的 selIdx，当选择的按钮为特定按钮时则触发特定监听。选择按钮本身也是通过对 arrCount 的增减来实现的。针对摇杆控制，脚本中使用了_thumbstickMoveEvent 方法对选择进行映射操作，具体实现方法请查看 pausePanel.ts。

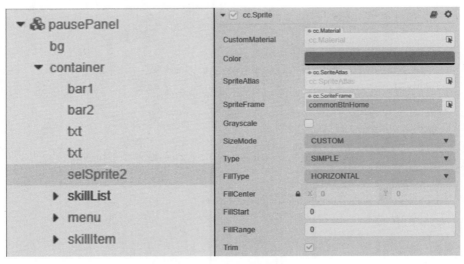

图 7.9　暂停界面适配

7.4　镜头的适配

Cocos Creater 为了方便已有的项目移植到 XR 环境,提前预制了一些快捷操作。对于本项目来讲,可以直接右击 fight 场景中的 Main Camera 节点,在弹出的快捷菜单中选择"转为 XR HMD"选项进行快速适配。注意,我们需要在其他引用了 Camera 的脚本或组件中更换拖入的节点。例如,对于 gameManager,则需要进行如图 7.10 所示的调整。

图 7.10　项目 Camera 转换

7.5　摇杆的适配

在原项目中,使用虚拟摇杆来对任务进行操控,并介绍了实现虚拟摇杆交互的方法。我们将虚拟摇杆替换为普通手柄的实体摇杆,因此需要去除前面有关虚拟摇杆的部分,并对新的输入设备进行适配。

我们在 fightPanel 中虚拟摇杆图标,即 Ring 节点。接下来,打开 joystick.ts 脚本并进行修改,将虚拟摇杆中的部分逻辑移植到手柄摇杆的监听中。

首先,需要补充注册手柄事件:

```
1.  onEnable(){
2.      clientEvent.on(constant.EVENT_TYPE.REFRESH_GOLD, this._refreshGold,this);
3.      clientEvent.on(constant.EVENT_TYPE.REFRESH_LEVEL, this._refreshLevel,this);
4.
5.      input.on(Input.EventType.HANDLE_INPUT, this._handleEvent, this);
6.      input.on(Input.EventType.GAMEPAD_INPUT, this._gamepadEvent, this);
7.  }
```

在触发的回调函数_handleEvent()和_gamepadEvent()中,引用_thumbstickMoveEvent()方法,将EventGamepad中左摇杆的数据传入_thumbstickMoveEvent(),用以获取摇杆的偏移量数据:

```
1.  private _handleEvent(event : EventHandle) {
2.      const handleInputDevice = event.handleInputDevice;
3.      this._thumbstickMoveEvent(handleInputDevice.leftStick.getValue());
4.  }
5.
6.  private _gamepadEvent(event : EventGamepad){
7.      const gamepad = event.gamepad;
8.      this._thumbstickMoveEvent(gamepad.leftStick.getValue());
9.  }
```

将EventGamepad中右摇杆的数据传入_thumbstickMoveEvent(),用以获取摇杆的偏移量数据:

```
1.  private _thumbstickMoveEvent()(vec2 : Vec2){
2.      if (vec2.x === 0 && vec2.y === 0 ){
3.          this.isMoving = false;
4.          return;
5.      }
6.
7.      this._angle = Math.round(Math.atan2(vec2.y, vec2.x) * 180 / Math.PI);
8.      this.isMoving = true1
9.
10.     // 以下脚本同原本的_touchMoveEvent()
11.
12.     if (!GameManager.isGameStart && this.isMoving) {
13.     GameManager.isGameStart = true;
14.     AudioManager.instance.resumeAll();
15.
16.     ClientEvent.dispatchEvent(Constant.EVENT_TYPE.MONSTER_MOVE);
17.
18.     if (this.ndTip.active) {
19.         this.ndTip.active = false;
20.     }
21.
22.     this._currentTime = this._checkInterval;
23.     }
24. }
```

剩余逻辑与我们之前所提到的虚拟摇杆相同,不用进行额外的调整。

7.6 发布到 XR 设备

本讲我们将适配完成的项目发布到 XR 设备,为此,要先掌握跨平台发布的方法,这部分内容亦可参考 Cocos 官网教程。

7.6.1 构建发布面板

单击编辑器顶部菜单栏中的"项目"→"构建发布"或者使用快捷键 Ctrl/Cmd+Shift+B 即可打开构建发布面板。若我们是首次打开该面板,打开面板时会看到"编辑构建发布配置"窗口(见图 7.11)。

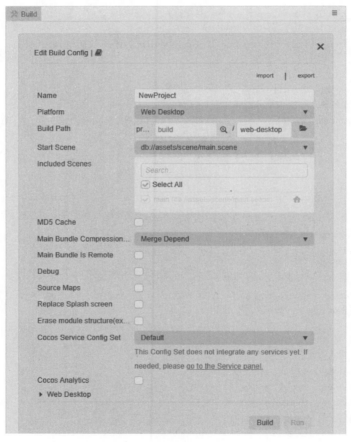

图 7.11　构建发布窗口

若已经构建过某一平台,则打开"构建发布"面板会进入"构建任务"页面。各个平台的构建是以构建任务的形式进行,类似于下载任务(见图 7.12)。

7.6.2 通用构建选项

1. 发布路径

发布路径中包含两个输入框,第一个输入框用于指定项目的发布路径,可直接在输入框

图 7.12　构建任务面板

输入路径或者通过旁边的放大镜按钮选择路径,如图 7.13 所示。

图 7.13　发布路径

支持以下两种路径的切换使用。

(1) file:指定的发布路径为绝对路径,也就是之前版本使用的方式。

(2) project:指定的发布路径为相对路径,选择的路径只能在项目目录下。使用该种路径时,构建选项里一些与路径相关的(例如 icon 图标)配置便会以相对路径的方式记录,便于团队成员在不同设备上共享配置。

第二个输入框用于指定项目构建时的构建任务名称以及构建后生成的发布包名称。默认为当前构建平台名称,平台每多构建一次,便会在原来的基础上加上-001 的后缀,以此类推。构建完成后可直接单击输入框后面的文件夹图标,打开项目发布包所在目录。

2. 初始场景与参与构建场景

设置打开游戏后进入的第一个场景。可以在"参与构建的场景"列表中搜索所需的场景,将鼠标移动到所需场景栏,然后单击右侧出现的按钮,即可将其设置为初始场景(见图 7.14)。

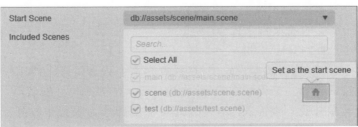

图 7.14　初始场景与参与构建场景

在构建过程中,除了项目目录下的 resources 文件夹以及 bundle 中的资源和脚本会全部打包外,其他资源都是根据参与构建的场景以及 bundle 中的资源引用情况来按需打包的。因而去除勾选不需要发布的场景,可以减少构建后生成的项目发布包的包体体积。

7.6.3　各平台构建选项

目前在 Cocos Creator 中,不同平台的处理均以插件的形式注入构建发布面板。在构建发布面板的发布平台中选择要构建的平台后,将会看到对应平台的展开选项,展开选项的名称便是平台插件名,在编辑器主菜单的"扩展"→"扩展管理器"→"内置"中可以看到各平台插件。

各平台相关构建选项,我们可以参考网站上的官方文档。

7.6.4　HUAWEI VR Glass 和 VR Engine 的介绍

HUAWEI VR Engine 是为华为 VR 内容开发者提供的平台。开发者使用华为 VR SDK 进行开发,开发完成后上传至华为 VR 应用商店,审核通过后拥有华为 VR 眼镜的消费者即可直接购买下载。HUAWEI VR 目前主要的硬件形态是华为 VR 眼镜与华为系列手机,具体支持手机型号见本指南中各平台支持的设备。VR 眼镜本身为 3DoF 头显,配一只 3DoF 功能的手柄,允许开发者直接移植其他平台的 3+3 内容,对于手机盒子类无手柄的应用稍加更改也很容易移植。通过外接 6DoF 模组,可以畅享 6DoF 应用。

开发者需使用 HUAWEI VR SDK 3.5 版本进行开发,目前支持 Unity 和 UE4 引擎。SDK 的具体功能及开发指引请参见对应平台的开发指南。华为 VR 眼镜与适配型号的华为手机做了大量深入优化,具备低延时和良好的画面流畅度。配合上华为系列手机强大的处理芯片,开发者能够充分发挥想象力,开发出画质优良,性能也满足要求的高品质应用。支持瞳距调节,1~700 度单眼近视独立调节,适合大多数人群。设备轻薄,佩戴舒适,可轻松畅玩。提供手机操控交互功能,开发者无须额外集成,使用手势进行手机屏幕操作,替代手柄交互功能。

7.6.5　构建任务

若已经构建过某一平台,则打开发布面板时会进入"新建构建任务"窗口(见图 7.15)。该窗口下方的按钮功能如下:

(1) 打开已构建的项目发布包(默认在项目工程文件夹的 build 目录下)。

(2) 编辑构建发布设置。

(3) 查看上一次的构建发布设置。

(4) 查看构建过程的日志文件。

与其他平台一样,在构建发布设置中,选择发布平台为 XR HUAWEI VR,即可生成发布到华为 VR 眼镜的项目。值得注意的是,将 apk 导入华为手机并安装后,无法在手机上看到该应用。只有连接并戴上眼镜进入 VR 模式后才能在华为眼镜中看到已安装的应用,并单击运行。

图 7.15　构建任务

观看视频

7.7　小结

　　本章主要介绍了面向 XR 硬件的项目发布,重点介绍了发布过程中的各适配选项和构建选项,通过具体的流程介绍,帮助读者完成项目发布。这里利用的 Cocos Creator XR 工具,底层通过支持 OpenXR 标准协议,兼容不同 XR 设备,可以一站式对创作内容进行开发并发布到不同的 XR 设备。

习题

　　完成本项目在华为 VR Glass 或者其他 VR 硬件平台的发布,并邀请用户进行应用体验,收集用户评价。

第 8 章

VR 的未来发展

观看视频

8.1 VR 与 5G 通信

5G 通信技术已经落地,优势可以用三个字总结:快、稳、密。具体来说,5G 数据传输速率高达 10Gbit/s,延时在 1ms 左右,5G 网络每平方千米可支持 100 万台设备。这将为 VR 技术提供画面显示上的性能提升。以面向企业级别的 Google Glass EE2 产品为例,显示(输出)分辨率是 640×360 像素(约 23 万像素)。该图像分辨率距离 PC 平台已有的 VR 设备的参数还有很大的距离,例如华为的 VR 眼镜为 3200×1600 像素,约 500 万像素,4K 级别高品质视频为 4096×2160 像素,约 800 万像素。现有的输入输出画面尺寸较小,一方面受制于显示模块的尺寸大小、功耗等因素,另一方面受制于传输速率。5G 技术也将允许服务器端向客户端传输高清画面。

下一代的 5G 移动网络将大大增加容量并降低延迟。在这样的环境中,现有的 VR 应用程序将能把大量传感器采集到的信号输入(包括上述的高清画面)上传到云计算、边缘计算的硬件平台。计算量密集的算法流程将部署于云端和边缘端。边缘计算在靠近客户端的地方建立更强大的计算基站,用于处理数据和减少延迟。VR 要将现实世界、用户指令与数字世界相结合并同步,需要大量的图形渲染过程。由于图形需要大量渲染,因此通过在 VR 设备和边缘计算设备、云计算设备之间分配工作负载,可以加速 VR 的任务流程。边缘计算硬件可以用于处理对延迟敏感的用户头部跟踪、控制器跟踪、手部跟踪和运动跟踪等,而中央云计算可以处理对延迟不敏感的非核心处画面渲染、自然语音交互等任务。但是,这种计算量的拆分无论是在中央云,或是边缘硬件,都需要快速、可靠的 5G 连接,以便为用户提供最终的体验。实际上,这种依据任务类型和端-边-云计算能力进行智能计算调度的算法还有待进一步探索。但这种新的部署策略将在未来更为普遍和重要,进而允许 VR 的客户端硬件和软件向轻量、微型、节能方向发展,同时大幅降低客户端制造成本,便于大规模推广。

美国职业篮球联盟在 2018 年全明星赛上对球员进行了 VR 头盔测试,通过摄像机画面采集、5G 信号传输和视频流播放等步骤,这些球员依然可以做到准确的投篮动作(见图 8.1)。这些有趣的应用都验证了 5G 的低延时可以产生重要价值。

图 8.1 美国职业篮球联盟球员戴上
5G VR 头盔进行投篮动作

观看视频

8.2　VR 与物联网

我们通常所说的物联网,或者在各种研报中看到的 IoT(Internet of Things),是指物与物之间互相连接所形成的一张网,这是 5G 时代带来的改变。与 2G 和 3G 时代不同,5G 打通的是人与人之间的连接。

VR 与物联网,某种程度上可以说是过去 10 年兴起的最为重要的技术。两者都将给我们带来真实的巨变。当这两股力量汇聚时,会产生巨大的前景和机会。

对于深谙科技的行业人士来说,很明显 VR 和物联网绝非昙花一现。他们抓住了公众的想象力,证明了自己在工业部门的价值,并迅速融入了现代社会。

因此,众多企业纷纷投资发展 VR 和物联网的新应用就不足为奇了。2021 年,在"元宇宙"概念带动下,VR 迎来爆发期。IDC 此前发布的《全球 AR/VR 头显市场季度跟踪报告(2021 年第四季度)》显示,2021 年全球 VR 头显出货量达 1095 万台,突破年出货量 1000 万台的行业重要拐点。2022 年,VR 一体机自问世以来首次在中国突破年出货量 100 万台大关。物联网同样蕴藏着极大的潜力,中国信通院数据显示,2025 年,全球物联网设备联网数量有望达到 252 亿个,相比较全球 40 亿台智能手机的保有量,物联网设备具有更大的成长空间。物联网连接数的指数级增长,让我们明确地看到这个行业正在从萌芽走向数量爆发增长的阶段(见图 8.2)。

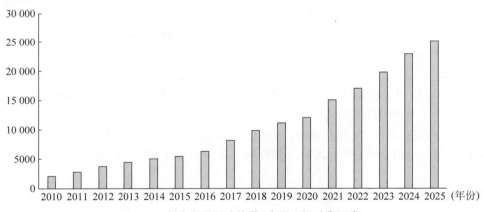

图 8.2　全球物联网连接数(来源:新时代证券)

VR 与物联网具有同样的基本理念及宗旨,都是关于如何将现实领域和数字领域结合起来。它们的方法恰好相反,VR 主要是通过佩戴头显设备而让数字世界看起来真实,而物联网则是关于在数字领域操控真实世界中的物体。这里有个中间地带,两项技术在这里交叉,将创造出全新的东西。

1. 远程呈现

简单来说,远程呈现是指可以实现某个人真实地存在于另外一个地方的技术。就像电话可以实现异地通话一样,远程呈现设备可以让人"存在"于异地。远程呈现技术的早期发展产生了视频会议,现在已广泛应用于从公司会议室到学生宿舍的各种场景。科学表明人类还是最喜欢面对面交流,而最近关于视频会议的研究则表明技术对面对面交流模拟得越真实,参与者就越能专注、投入并记忆交流信息。

通过将 VR 和物联网结合,两家创新公司分别创造了可能会成为下一代人类远程交流工具的产品,其中一个是 Empathy VR,另一个则是 OdenVR Telepresence Robot。他们将 VR 头显和高度移动性远程控制机器人组合,体验者得以在现实世界中自由移动和观看,从而营造出真实存在的强烈幻觉。

这对公司或个人来说都有广泛用途。通过提供近乎面对面的便捷交流,同时免除了旅行所需的时间和金钱,VR/物联网远程呈现使得远程销售会议或者国外家庭聚会都更加方便。

2. 轨道管理

Eye Create Worlds 是一家 VR/AR 开发公司。在其 2016 年发布的概念视频中,提出了关于在整个城市建立物联网传感器的网络,以实现操作者在虚拟世界中监视和优化轨道交通网络性能的设想。用户可以追踪来自监控相机和传感器的各项数据,并将其概念化为模型列车组。通过俯视列车或置身于轨道中,用户可以对任何可能会出现的状况获得直观了解。通过简单的手势和命令,用户就能获得从现实世界中的相机和传感器传来的数据,这些数据直接映射到模型中展示出来。

这项技术对建筑师和工程师来说都极具吸引力。通过将 VR 和物联网结合,无论是多复杂的系统,决策者都可以轻松地理解和管理。在 VR 出现以前,工程师们不得不在 2D 屏幕中处理 3D 模型。而基于现实数据建立虚拟模型,他们就可以凭借直觉,发现之前无法观察到的情形之间的细微差别。

尽管还处于概念阶段,但 Eye Create Worlds 的视频展示了发展智慧城市的趋势。市政机构意识到了物联网的巨大潜力,并且大力投入发展这项技术,以使市民的日常生活越来越便捷。这种管理方式的实现或许并不遥远。

3. 智慧医疗

VR 和物联网最具戏剧性的结合就是运用于医疗保健领域。像"达芬奇手术系统"这样的机器人辅助手术已经在世界范围内广泛运用。利用"达芬奇"的微型摄像头及精密手术工具,外科医生可以在类似于《星际迷航》风格的控制台上执行微创手术。通过将摄像头及工具放入患者的创口内,外科医生就可以获取操作区域的整个视图,而不必让患者承受比较大的创口。

在未来,两种技术还可以综合运用。物联网技术可以进行对患者体温、血压等生理指标进行采集、对医疗用品的智能化管理以及远程医疗操作,而 VR 技术给了医生在临床治疗中更多的机会,降低手术失败风险,也减少医生造成手术失败的心理压力。

图 8.3　美剧《良医》剧照

像"达芬奇"这样的物联网外科手术技术还可以运用于实践、训练,甚至是"演习"中。尽管目前的 VR 技术水平还无法实现人工手术的逼真模拟,但已经可以提供近乎完美的"达芬奇"手术模拟。在美剧《良医》中,男主角利用 VR 设备反复测试最优手术方案,以此降低手术失败的风险(见图 8.3)。

不难想象,未来可能会有一天,外科医生可以在 VR 手术中控制"达芬奇系统"和其他

观看视频

的手术设备,在不离开办公室的情况下为异地患者进行手术。并且,相比于将 VR 和物联网技术应用于医疗领域的局限性,其中的最大障碍在于互联网的低可靠性以及潜在的风险。

未来若能解决这些障碍,实现并推广 VR 与物联网结合的智慧医疗应用,对我国发展高性能医疗器械、改善医学水平发展不平衡的现状、降低医患矛盾都具有重要意义。

8.3　VR 与人工智能

在"元宇宙"的世界里,人类将不再受到物理世界的限制,人与人的交互也将不再停留在文字、音视频,实时互动、交错时空的互动都可以实现。在奔向"元宇宙"前,就必须打造出实现虚实结合的基础设施。显然,人工智能就是那把连接虚拟世界与现实世界的钥匙。

人工智能作为一个庞大的领域,将从各方面赋能 VR 的各个流程,包括真实场景的理解、人机交互、图像渲染、协同通信等。一个毫不过分的论断是,VR 只有搭配强大的人工智能算法,才能优秀地完成任务。我们在这里简单描述人工智能在辅助创作、虚拟对象智能化和交互方式个性化三个方向上赋能 VR 的案例。

8.3.1　AI 辅助创作

虚拟世界的图形显示离不开算力的支持。以算力为支撑的人工智能技术将辅助用户创作,生成更加丰富真实的内容。而目前构建"元宇宙"最大的挑战之一是如何创建足够的高质量内容,因为其专业创作的成本高得惊人,3A 游戏大作往往需要几百人的团队数年的投入,而 UGC 平台也会面临质量难以保证的困难。为此,内容创作的下一个重大发展将是转向人工智能辅助人类创作。

未来,在人工智能的帮助下,每个人都可以成为创作者。这些工具可以将高级指令转换为生产结果,完成众所周知的编码、绘图、动画等繁重工作,极大提高创作效率。

8.3.2　虚拟对象智能化

在 VR 中,虚拟对象是重要的存在,正如 2013 年的奥斯卡获奖电影《她》所展示的那样(见图 8.4),一次偶然机会,主人公接触到最新的人工智能系统 OS1,它的化身 Samantha 拥有迷人的声线,温柔体贴而又幽默风趣。人机之间存在的双向需求与欲望,让主人公沉浸在由声音构筑的 VR 中,最后爱上了这个人工智能系统。

未来,虚拟对象和人的智能行为将更多地出现在各种虚拟环境和 VR 应用中,但前提是虚拟对象需要足够智能。

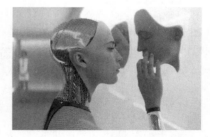

图 8.4　奥斯卡获奖电影《她》剧照

8.3.3　交互方式个性化

人工智能可以实现个性化的交互体验。例如,从用户的反应中学习并预测下一步需要什么,并立即做出决策。人工智能和机器学习算法可以从每次与客户的互动中学习,从而使机器学习的模型不断地变得更好。同时,人工智能算法的日益精进将大大提升智能交互体验,通过综合视觉、听觉、嗅觉等感知通道,带来全新的交互体验,让 VR 真正"化虚为实"。

最终,人工智能将使 VR 应用中的人机接口真正变得多模态,并产生全新的人机交互模型。

观看视频

8.4　VR 中的协同交互

协同交互是一种允许多人在不同的时间、空间背景下,共同完成一个任务的技术。协同交互可以有多种含义,如远程协作、异地协作、实时多用户协作、独立视图协作等。协同的空间可以是虚拟空间,也可以是真实空间。自 2020 年以来,远程协作技术得到广泛普及。大家已经适应了在计算机屏幕前开会、上课等。从这个意义上说,远程视频会议工具,从早期的 SKYPE、思科会议系统,到最近流行的腾讯会议、钉钉会议等,都可以被认为是协同交互工具。

对于复杂的任务,协同交互可以通过使团队成员之间的沟通更加有效来帮助执行。因此,在设计和开发协同交互工具的时候,如何确保成员之间的信息快速准确地传递给对方是一个重要内容。VR 是由软件和兼容硬件组合而成的完全 3D 环境,这使用户完全沉浸在一个逼真的 3D 视觉、触觉、嗅觉等多种感官体验的虚拟世界中,使他们能够以看似真实的方式在虚拟世界进行协同交互,并有可能在从单独工作转变为共同工作的协同交互过程中支持感知信息。因此,VR 的协同交互功能有可能显著改善团队交互过程。

研究表明,基于 VR 的协同交互能够提高协同工作效率。具体来讲,这个优势是从下面几个特点体现的:

(1) 虚拟空间共享。身处异地的多个参与者可以通过 VR 显示设备同时共享物理空间环境和虚拟世界,在同一个共享虚拟工作空间内进行协作,这将大大提高信息分享的针对性。尤其是对于设计草图、模型等任务,在这种场景下,需要对模型的细节进行针对性的讨论。VR 提供了共享的空间,能够更有效地传递交流意图。

(2) 多模态交互。在视频电话会议中,参与者只能观察彼此的面孔或工作区,而 VR 应用则可以将用户的言语和非言语信息,如头部方向、眼神方向、手势、面部表情和声音指示等结合起来,传递给对方。例如在讨论 3D 模型设计的场景下,结合视线跟踪等技术,可以实现注意力方向的信息同步,帮助大家更快地把握讨论的焦点。

自从 2020 年,VR 在远程办公方面的协同交互功能同样令人瞩目。我们中的许多人曾在很长一段时间内都尽可能在家里办公。居家工作的一个主要问题就是如何保持与同事或者客户之间的高效交流。目前常用的交流方式,包括文字、语音、视频都或多或少地降低了交流效率。而像 Glue、Immersed、MeetinVR 和 Spatial 等这样的 VR 应用程序,已经能为拥有 VR 设备的人提供几乎与面对面交流等效的功能。因此,基于 VR 的协同交互研究是一个很有发展前景的研究领域。

Facebook 推出了办公版 VR 虚拟世界 Horizon Workrooms。目前,它的定义是一个办公协作平台,其面向人群为有远程办公协作和会议需求的上班族。Facebook 认为,"元宇宙"生态是靠一个应用群组合而成的平台,需要解决人们对互联网的多方面需求,涵盖工作、社交、娱乐。Horizon Workrooms 是其所叙述的"元宇宙"生态的一个节点。

Horizon Workrooms 的特色之处在于充分融合了设备自身先进特性,集 AR 透视、桌面识别、手势追踪、键盘识别、多任务模式、虚拟化身等功能于一身,实现了很多人想用 VR 进行办公的幻想(见图 8.5)。小组协作系统有以群组为单位的协作环境、UI 设计、群聊功能、文件共享系统等,充分发挥了 VR 在协同交互中的优势。

空间公司(Spatial)正在探索 VR 软件在远程办公上的作用。该公司最初创建了一个 AR 办公室协作平台,后来将其移植到 VR 上(见图 8.6)。用户可以直接进行一些操作,如增加一些便笺纸,并同步显示角色的手部姿势。

图 8.5　Horizon Workrooms 虚拟办公空间　　　　图 8.6　Spatial 平台利用 VR 技术实现协同办公

相比于单人、单机场景,多人协同环境最大的不同就是人的因素。如何能够准确快速地感知到协作对方的情绪、情感,特别是微妙的情绪,是非常重要的。这在商业、教学等领域也是非常关键的(见图 8.7)。例如,在远程教育中,如果教师无法准确及时地了解学生的听课状态,也就无法达到有效的教学质量。我们预期,未来的 VR 协同交互工具将会引入更多模态,提供给用户更真实的体验。

图 8.7　VR 技术在教育方面的应用

8.5　小结

观看视频

我所听到的最振奋人心的一句话是,"未来已来,它只不过是 beta 版本"。欢迎更多的伙伴加入到 VR 的领域中来,拥抱未来,与未来共同成长。

习题

1. 联系第 1 章中尚未解决的问题,通过本书的介绍,是否有合适的技术方案可以开发一款 VR 应用,解决所提出的问题。

2. 畅想五年、十年、二十年以后,你最期待的 VR 软件与硬件应该是什么样的。

3. 思考除了本章中提到的其他关键技术,还有哪些技术将对 VR 的应用有关键性、决定性、变革性的作用,并阐述原因。

参 考 文 献

［1］ 周忠,周颐,肖江剑.虚拟现实增强技术综述[J].中国科学:信息科学,2015,45(2):157-180.

［2］ MIHELJ M,PODOBNIK J. Virtual Fixtures[M]. Berlin:Springer,2012.

［3］ GE L,REN Z,LI Y,et al. 3D Hand Shape and Pose Estimation from a Single RGB Image[C]// Proceedings of the IEEE/CVF Conference on Computer Vision and Pattern Recognition. 2019:10833-10842.

［4］ PANTELERIS P,OIKONOMIDIS I,ARGYROS A. Using a Single RGB Frame for Real Time 3D Hand Pose Estimation in the Wild[C]//2018 IEEE Winter Conference on Applications of Computer Vision (WACV). IEEE,2018:436-445.

［5］ 孟田华,阴娜,卢玉和,等.基于可穿戴传感器的下肢动作研究[J].山西大同大学学报(自然科学版),2019,35(1):8-10.

［6］ 李敏,何博,徐光华,等.柔性可穿戴的腕关节运动角度传感器[J].西安交通大学学报,2018,52(12).

［7］ 徐诚,何杰,张晓彤,等. IMU/TOA 融合人体运动追踪性能评估方法[J].电子学报,2019,47(8):1748.

［8］ 余俊斌,侯晓娟,崔敏,等.柔性 PDMS 薄膜摩擦纳米发电机用于监测瞬时力传感和人体关键运动[J].中国科学:材料科学,2019,62(10):1423-1432.

［9］ 赵木森,于海波,孙丽娜,等.基于石墨烯/PEDOT:PSS 复合材料制备的可穿戴柔性传感器[J].中国科学,049(007):851-860.

［10］ CAO Z,HIDALGO G,SIMON T,et al. OpenPose:Realtime Multi-person 2D Pose Estimation Using Part Affinity Fields[J]. IEEE Transactions on Pattern Analysis and Machine Intelligence,2021,43(1):172-186.

［11］ FANG H S,XIE S,TAI Y W,et al. Rmpe:Regional Multi-person Pose Estimation[C]//Proceedings of the IEEE International Conference on Computer Vision. 2017:2334-2343.

［12］ NIE Y,HAN X,GUO S,et al. Total 3D Understanding:Joint Layout,Object Pose and Mesh Reconstruction for Indoor Scenes From a Single Image[C]//Proceedings of the IEEE/CVF Conference on Computer Vision and Pattern Recognition. 2020:55-64.

［13］ DA SILVEIRA T L,JUNG C R. Dense 3D Scene Reconstruction from Multiple Spherical Images for 3-DoF＋VR Applications[C]//2019 IEEE Conference on Virtual Reality and 3D User Interfaces (VR). IEEE,2019:9-18.

［14］ CONG R,LEI J,FU H,et al. Review of Visual Saliency Detection With Comprehensive Information [J]. IEEE Transactions on Circuits and Systems for Video Technology,2018,29(10):2941-2959.

［15］ CHEN D,QING C,XU X,et al. Salbinet360:Saliency Prediction on 360 Images with Local-Global Bifurcated Deep Network[C]//2020 IEEE Conference on Virtual Reality and 3D User Interfaces (VR). IEEE,2020:92-100.

［16］ ZHANG Z,WENG D,GUO J,et al. Toward an Efficient Hybrid Interaction Paradigm for Object Manipulation in Optical See-Through Mixed Reality[C]// 2019 IEEE/RSJ International Conference on Intelligent Robots and Systems (IROS). IEEE,2019.

［17］ 高源,刘越,程德文,等.头盔显示器发展综述[J].计算机辅助设计与图形学学报,2016,28(6):896-904.

［18］ YEOM K,KWON J,MAENG J,et al. [POSTER] Haptic Ring Interface Enabling Air-Writing in

Virtual Reality Environment[C]//2015 IEEE International Symposium on Mixed and Augmented Reality. IEEE,2015：124-127.

[19] SHI X,PAN J,HU Z,et al. Accurate and Fast Classification of Foot Gestures for Virtual Locomotion [C]//2019 IEEE International Symposium on Mixed and Augmented Reality (ISMAR). IEEE，2019：178-189.

[20] HU Z,LI S,ZHANG C,et al. Dgaze：CNN-Based Gaze Prediction in Dynamic Scenes[J]. IEEE Transactions on Visualization and Computer Graphics,2020,26(5)：1902-1911.

[21] DENG S,JIANG N,CHANG J,et al. Understanding the Impact of Multimodal Interaction Using Gaze Informed Mid-air Gesture Control in 3D Virtual Objects Manipulation[J]. International Journal of Human-Computer Studies,2017,105：68-80.

[22] 刘浩敏,章国锋,鲍虎军.基于单目视觉的同时定位与地图构建方法综述[J].计算机辅助设计与图形学学报,2016,28(6)：855-868.

[23] 刘艳丽,邢冠宇,秦学英,等.基于能量优化的在线室外光照估计算法[J].计算机辅助设计与图形学学报,2011,23(1)：132-137.

[24] NIE G Y,DUH B L,LIU Y,et al. Analysis on Mitigation of Visually Induced Motion Sickness by Applying Dynamical Blurring on a User's Retina[J]. IEEE Transactions on Visualization & Computer Graphics,2019：1.

[25] LIU D,LONG C,ZHANG H,et al. Arshadowgan：Shadow Generative Adversarial Network for Augmented Reality in Single Light Scenes[C]//Proceedings of the IEEE/CVF Conference on Computer Vision and Pattern Recognition. 2020：8139-8148.

[26] JUNG S,WOOD A L,HOERMANN S,et al. The Impact of Multi-sensory Stimuli on Confidence Levels for Perceptual-Cognitive Tasks in VR[C]//2020 IEEE Conference on Virtual Reality and 3D User Interfaces (VR). IEEE,2020：463-472.

[27] GERONAZZO M,SIKSTRM E,KLEIMOLA J,et al. The Impact of an Accurate Vertical Localization with HRTFs on Short Explorations of Immersive Virtual Reality Scenarios[C]//2018 IEEE International Symposium on Mixed and Augmented Reality (ISMAR). IEEE,2018：90-97.

[28] TANG Z,BRYAN N J,LI D,et al. Scene-aware Audio Rendering via Deep Acoustic Analysis[J]. IEEE Transactions on Visualization and Computer Graphics,2020,26(5)：1991-2001.

[29] Boston Dynamics[EB/OL]. [2020-10-22]. https：//wwwbostondynamicscom/.

[30] SENSEG[EB/OL]. [2020-10-22]. https：//wwwsensegcom/.

[31] MIRZAEI M,KAN P,KAUFMANN H,et al. EarVR：Using Ear Haptics in Virtual Reality for Deaf and Hard-of-Hearing People[J]. IEEE Transactions on Visualization and Computer Graphics,2020,26(5)：2084-2093.

[32] HAN T,WANG S,WANG S,et al. Mouillé：Exploring Wetness Illusion on Fingertips to Enhance Immersive Experience in VR[C]//Proceedings of the 2020 CHI Conference on Human Factors in Computing Systems. 2020：1-10.

[33] SODHI R,POUPYREV I,GLISSON M,et al. AIREAL：Interactive Tactile Experiences in Free Air [J]. Acm Transactions on Graphics,2013,32(4)：1-10.

[34] ULTRAHAPTICS[EB/OL]. [2020-10-22]. https：//wwwultraleapcom/haptics.

[35] CAI S,KE P,NARUMI T,et al. Thermairglove：A Pneumatic Glove for Thermal Perception and Material Identification in Virtual Reality[C]//2020 IEEE Conference on Virtual Reality and 3D User Interfaces (VR). IEEE,2020：248-257.

[36] WANG C-H,HSIEH C-Y,YU N-H,et al. HapticSphere：Physical Support to Enable Precision Touch Interaction in Mobile Mixed-reality[C]//2019 IEEE Conference on Virtual Reality and 3D User Interfaces (VR). IEEE,2019：331-339.

[37] SCENTEE[EB/OL]. [2020-10-29]. https://scentee-machinacom/.

[38] NAKAMOTO T，HIRASAWA T，HANYU Y. Virtual Environment with Smell Using Wearable Olfactory Display and Computational Fluid Dynamics Simulation[C]//2020 IEEE Conference on Virtual Reality and 3D User Interfaces (VR). IEEE，2020：713-720.

[39] WANG Y，AMORES J，MAES P. On-Face Olfactory Interfaces[C]//Proceedings of the 2020 CHI Conference on Human Factors in Computing Systems. 2020：1-9.

[40] IWATA H，YANO H，UEMURA T，et al. Food Simulator：A Haptic Interface for Biting[C]//IEEE Virtual Reality 2004. IEEE，2004：51-57.

[41] MIYASHITAI H. Norimaki Synthesizer：Taste Display Using on Electrophoresis in Five Gels[C]//Extended Abstracts of the 2020 CHI Conference on Human Factors in Computing Systems. 2020：1-6.

[42] ProjectNourished[EB/OL]. [2020-11-2]. http://wwwprojectnourishedcom/.

[43] DOUKAKIS E，DEBATTISTA K，BASHFORD-ROGERS T，et al. Audio-Visual-Olfactory Resource Allocation for Tri-Modal Virtual Environments [J]. IEEE Transactions on Visualization and Computer Graphics，2019，25(5)：1865-1875.

[44] CHENG H，LIU S. Haptic Force Guided Sound Synthesis in Multisensory Virtual Reality (VR) Simulation for Rigid-Fluid Interaction[C]//2019 IEEE Conference on Virtual Reality and 3D User Interfaces (VR). IEEE，2019：111-119.

[45] NAKANO K，HORITA D，SAKATA N，et al. DeepTaste：Augmented Reality Gustatory Manipulation with GAN-based Real-Time Food-to-Food Translation[C]//2019 IEEE International Symposium on Mixed and Augmented Reality (ISMAR). IEEE，2019：212-223.

[46] YOUNG J，LANGLOTZ T，COOK M，et al. Immersive Telepresence and Remote Collaboration Using Mobile and Wearable Devices[J]. IEEE Transactions on Visualization Computer Graphics，2019，25(5)：1908-1918.

[47] YOON B，KIM H-I，LEE G A，et al. The Effect of Avatar Appearance on Social Presence in an Augmented Reality Remote Collaboration[C]//2019 IEEE Conference on Virtual Reality and 3D User Interfaces (VR). IEEE，2019：547-556.

[48] WALLGRüN J O，BAGHER M M，SAJJADI P，et al. A Comparison of Visual Attention Guiding Approaches for 360 Image-Based VR Tours[C]//2020 IEEE Conference on Virtual Reality and 3D User Interfaces (VR). IEEE，2020：83-91.

[49] DEY A，CHEN H，ZHUANG C，et al. Effects of Sharing Real-Time Multi-Sensory Heart Rate Feedback in Different Immersive Collaborative Virtual Environments[C]//2018 IEEE International Symposium on Mixed and Augmented Reality (ISMAR). IEEE，2018：165-173.

[50] Stambol[EB/OL]. [2020-11-13]. https://wwwstambolcom/.

[51] CLIFFORD R M，JUNG S，HOERRNANN S，et al. Creating a Stressful Decision Making Environment for Aerial Firefighter Training in Virtual Reality[C]//2019 IEEE Conference on Virtual Reality and 3D User Interfaces (VR). IEEE，2019：181-189.

[52] Khronos[EB/OL]. [2020-12-3]. https://wwwkhronosorg/gltf/.

[53] HUAWEI[EB/OL]. [2020-12-3]. https://developerhuaweicom.

[54] Vrfocus[EB/OL]. [2020-12-5]. https://wwwvrfocuscomn.

[55] Forbes[EB/OL]. [2020-12-5]. https://wwwforbescom/sites/mattrybaltowski/2018/02/27/nba-all-stars-anthony-davis.

图 书 资 源 支 持

感谢您一直以来对清华版图书的支持和爱护。为了配合本书的使用,本书提供配套的资源,有需求的读者请扫描下方的"书圈"微信公众号二维码,在图书专区下载,也可以拨打电话或发送电子邮件咨询。

如果您在使用本书的过程中遇到了什么问题,或者有相关图书出版计划,也请您发邮件告诉我们,以便我们更好地为您服务。

我们的联系方式:

清华大学出版社计算机与信息分社网站:https://www.shuimushuhui.com/

地　　址:北京市海淀区双清路学研大厦 A 座 714

邮　　编:100084

电　　话:010-83470236　010-83470237

客服邮箱:2301891038@qq.com

QQ:2301891038(请写明您的单位和姓名)

资源下载:关注公众号"书圈"下载配套资源。

资源下载、样书申请

书圈

图书案例

清华计算机学堂

观看课程直播